도시 공원의 밤

도시공원 조명디자인의
방법론과 실증적 사례

Lighting
Urban Parks

양정순 저

도시 공원의 밤

도시공원 조명디자인의
방법론과 실증적 사례

씨아이알

시작하며

공원은 복잡한 도시의 공간여백이자 녹색 유휴공간으로, 도시에서 살아가는 사람들이 건강과 휴식을 위해 시간을 보내는 곳으로 일반적으로 이용되곤 하였다. 그러나 최근 들어 자연녹지에서의 여가 문화생활 경험과 지역교류, 위락을 위한 장소로 그 기능이 확장되고 있다. 더 나아가 다양한 도시 문제를 해결하는 정책적 수단으로 활용되기도 한다. 이처럼 도시공원의 역할이 다변화되면서 도시공원의 새로운 가치가 부각되고 있다.

이를 반영하듯 영국 건축공간환경위원회^{CABE}에서는 "응집력 있는 사회와 지속 가능한 도시 발전의 중심에 공원이 있다"라고 표명하고 있다. 이처럼 도시공원은 쾌적한 도시환경 조성과 정주여건 개선의 기능에서 사회 구조를 강화하는 역할까지 수행하고 있다. 특히 주간의 일과 이후 야간 시간대 도시공원의 유용성이 더욱 주목받고 있다.

그동안 공원은 밤이 되면 도시에서 사라지는 공간이었다. 그러나 야간이 불필요한 시간이 아닌, 또 다른 생산의 시간이라는 인식 변화와 더불어 공원의 가치에 대한 이해가 확대되면서 도시민의 삶에서 공원의 밤을 일상의 장소로 되돌려 놓기 위한 시도가 활발해지고 있다.

바람직한 야간 공원의 조명환경은 공원을 깨어나게 하여 이용자에게 풍요로운 야간 활동을 가능케 한다. 야간 공원에서의 일상은 도시에서 살아가는 사람들의 삶과 문화를 반영한다. 도시공원의 밤은 생태 환경적 향유와 더불어 도시의 문화적 요소이자 정서적 공간으로 그 기능성이 강조되어 도시 공간적 역할이 새롭게 드러나고 있다.

잘 조성된 야간 도시공원의 조명환경은 공간의 질서를 형성하여 그곳의 특성을 규정하고 이를 지각하는 이용자들의 행위 기준이 된다. 이는 사람들의 행태 패턴을 형성하는 공원의 장소적 특성으로 발현된다.

이처럼 공원의 밤은 도시민들에게 풍요로운 삶의 가치와 실천을 수용하는 중요한 도시공간으로 인식되어 다양한 의미 공간으로 재해석되곤 한다. 최근 사람들의 바쁜 일상으로 인해 도시공원은 낮보다 밤으로 공원 활용의 초점이 이동하고 있다. 일과 이후 야간에 사람들의 모습들이 그 도시 생활의 수준을 가늠하는 하나의 척도가 된다.

사람들의 생활 및 의식 수준 향상과 공원 가치 및 역할에 대한 인식 변화로 도시공원의 수요가 나날이 급증하고 하고 있다. 하지만 이제 야간 도시공원의 양적 확보만큼이나 질적 향상에도 주목해야 한다. 인간의 삶의 질 향상에 기여하는 도시공원의 조명 조건을 찾아내고 적용하는 것이 중요하다.

그러나 현재 이러한 도시공원의 가치에 대한 새로운 시선과 공원을 이용하는 사람들의 다양한 요구에도 불구하고 야간 도시공원에 대한 학술 자료와 디자인 방법에 대한 정보는 접하기 어려운 실정이다. 현재 도시공원의 야간 조명환경에 대한 서적은 국내에서 거의 찾아볼 수 없다.

이에 저자의 관련 연구들과 조명디자인 실무 경험을 바탕으로 도시공원 디자인 방법론에 대한 생각을 『도시공원의 밤』을 통해 나누고자 한다. 디자인 방법론을 구체화하는 실무 자료는 국내 대표 조명디자인 기업인 ㈜비츠로앤파트너스, 디자인스튜디오 라인, 이온에스엘디㈜와 ㈜와우하우스의 준공 현장에 대한 것이다. 이러한 조명디자인 기업에서 제공해준 디자인 프로세스와 실무 자료들은 도시공원 조명디자인에 대한 이해를 높이는 데 도움이 될 것이다.

필자는 『도시공원의 밤』을 집필하며 풍부한 시각적 자료와 실증적 학술 연구를 담기 위해 노력하였다. 본 도서를 읽으며 집필의 출발점인 "야간 도시공원을 어떻게 디자인할 것인가?"에 대한 물음에 독자들도 함께 고민해 볼 수 있는 기회가 되길 바란다. 더불어 본 저서가 국내에서 관련 연구가 아직 초기 단계인 도시공원 야간 조명환경의 중요성과 가치를 공유하고, 조명디자인에 대한 학문적 이해를 넓히는 데 작게나마 기여하기를 기대한다.

2022년 6월
양정순

차 례

IX

1 도시와 도시공원

도시공원을 주목하는 이유

현대사회의 산업화와 정보화에 의한 도시의 성장과 확대에 따라 다양한 환경적·사회적·인문적 도시 문제들이 대두되고 있다. 이러한 도시 문제의 해결 방안으로 세계 주요 도시들은 녹색공간을 주목하고 있다.

도시의 대표적 녹색공간인 도시공원은 사람들에게 친환경적 자연생태 경험 기회를 제공한다. 공원 녹지를 향유하며 사람들은 휴식을 통해 긴장을 완화하고, 산책 및 운동을 하며 건강을 증진한다. 이웃 주민과 사회적 교류 과정에서 다양한 관계를 형성하며, 문화 체험과 레크리에이션 과정에서 학습과 위락의 시간을 보낼 수 있다. 이처럼 도시공원의 역할이 날로 확장되고 있다. 더 나아가 주요 국가 위정자와 도시 행정가들은 도시의 사회적 문제 해결안으로 녹지를 주시하며 정책 수단으로 활용하기도 한다.

이처럼 도시 구조와 사회 관계를 강화하는 역할로 녹색공간의 기능

뉴욕 센트럴파크(Central Park)에서 바라본 도시의 풍광
고밀도 도심에서 공원의 녹색경관은 삭막한 회색도시에 생기를 부여하며 다양한 측면에서 잠재적
가치를 가지고 있다.

이 확대되고 있다. 도시가 더욱 고밀화되면서 자연 생태 시스템이 잘
보존되어 있는 도시공원은 도시 거주자 개개인에게뿐만 아니라 도시
전체적 측면에서도 잠재적 가치와 역동적 힘을 지니고 있다.

공원도시 서울

서울시의 경우 '공원도시'를 표방하며 2013년에 「푸른도시 선언문」을 발표하였다. 이는 서울을 숲과 정원의 도시로 녹색 복지 정책을 실현하여 기존 산업도시에서 생태도시로 도시발전 전략을 변경하여 설정한 것이다. 이를 위해 서울시는 대규모 부지에 공원녹지를 새로 만드는, 특정 공간에 녹지공간을 조성하는 관점에서 가로, 골목길, 광장, 유수지, 옥상까지 도시 전체를 아우르는 '공원도시' 개념으로 변화시키는 것을 목표로 하였다.[1] 서울시의 이러한 정책 내용은 도시 비전과 미래상에 담겨 있으며 이를 구현하기 위한 주요 쟁점과 지향점을 녹색공간에서 찾을 수 있다.

서울시의 「푸른도시 선언문」

모든 생명은 서로 기대어 살아갑니다. 서울은 그 아름다운 공존관계를 회복하고자 합니다. 함께 만들고 가꾸고 지켜나가는 시민 중심의 공원도시! 삶을 재충전하는 발전소, 이웃들이 소통하는 사랑방, 그리하여 시민과 자연이 더불어 행복한 숲의 도시! 이제 서울이 건강한 푸른 도시로 다시 태어납니다.

① 서울은 산이 지키고 물이 살리는 생명의 땅입니다. 서울의 크고 작은 산을 건강하게 가꾸고 생물 다양성을 높여 나갑니다. 한강과 지천의 자연성을 회복하고 깨끗하게 관리하겠습니다.
② 서울은 역사가 살아 있고 시민들의 이야기가 깃든 도시입니다. 역사문화유산의 공간적 가치를 재발견하고 친숙하게 만들겠습니다. 장소에 깃든 삶의 기억을 창의적 자산으로 이어 나가겠습니다.

③ 서울은 공원입니다. 공원의 개념을 산과 하천, 가로, 광장, 골목길, 옥상, 텃밭, 학교운동장, 유수지, 녹지 등으로 확장합니다. 어디서나 10분 내에 공원을 만나고, 숲길을 걸을 수 있게 하겠습니다.

④ 공원은 재해로부터 시민과 도시를 지켜줍니다. 기후변화에 대응하고 자연재해를 예방하기 위해 녹지를 늘리고, 재난의 피난처로서 공원의 기능을 강화하겠습니다.

⑤ 공원은 누구에게나 편리하고 안전한 쉼터가 됩니다. 장애인과 여성 그리고 노약자가 편리하게 이용할 수 있도록 만들겠습니다. 사고와 범죄로부터 안전한 공원을 만들고 관리하겠습니다.

⑥ 공원은 지역사회문제 해결과 공동체 회복의 장이 됩니다. 소통하고 공감하는 시민교육 프로그램을 활성화하겠습니다. 공원을 공동체 생활의 중심 공간으로 만들고 지역적 특색을 살리겠습니다.

⑦ 공원은 푸른 일터가 됩니다. 원예치료사와 도시정원사, 숲해설가와 텃밭선생님 같은 공원녹지 분야의 다양한 일자리를 창출하고, 관련 사회적기업과 협동조합을 육성하겠습니다.

⑧ 시민은 유아에서 노년까지 녹색복지를 누립니다. 일상생활 속에서 정원과 텃밭 가꾸기를 지원하고, 생애주기별 맞춤형 공간과 프로그램을 마련하겠습니다.

⑨ 시민이 공원의 주인입니다. 시민이 함께 공원을 만들고 운영하여 재미있고 매력적인 서울의 삶을 누립니다.

제시된 「푸른도시 선언문」에서 서울시의 도시발전 방향성과 그 세부적인 실천 방안을 구체적으로 확인할 수 있다. 또한 서울시 녹지정책을 통해 서울시가 추구하고 얻고자 하는 사회적 효과를 엿볼 수 있다. 이와 같은 도시공원화 과정은 서울 시민 누구나 자연녹지 공간을 생명의 원천으로 여기고 지역문화 스토리와 공간 가치를 만들고 높일 수 있는 도시 창조의 과정으로 이해할 수 있다.

이러한 녹지정책은 녹지공간을 통해 도시민의 쾌적한 도시생활 향유

이상의 사회문제 해결과 지역성 강화 및 공동체 의식 회복에 그 목적이 있다.

더 나아가 서울을 비롯한 국내 중소도시까지도 정원도시, 공원도시로 도시 정책 목표를 설정하는 도시들이 하나둘씩 늘고 있으며, 이는 녹지공간의 가치를 도시발전과 도시성장의 전략으로 활용 가능하다는 것을 주목한 결과이다.

Green spaces create a civilised city

도시계획에 있어 녹색공간의 중요성은 2000여 년 전 로마인의 문명에서 처음 찾아볼 수 있다. 이 도시개발 개념은 'Rus in Urbe the country in the city'로 도시공간에서 녹지공간의 역할과 의미에 대해 강조한 첫 도시계획적 접근이라 할 수 있다. 로마인들은 자연공간에 대해 문명의 상징이자 건강 및 웰빙의 촉진체적 관점에서 접근하였다.

이러한 로마 문명의 녹지공간의 가치에 대한 견해를 이어 받아 영국에서는 산업화 도시에서 푸르고 걷고 싶은 도시로의 회귀를 강조하고 있다. 영국의 몇몇 도시들은 녹색공간의 가치를 표명하며 도시 정책 방향 및 전략으로 활용하고 있다. 이러한 정책은 'Grey to Green' 슬로건을 중심으로 지속 가능한 도시 발전의 중심에 공원을 배치하여 녹색공간을 다양한 사회적 문제해결 방안으로 활용하는 것을 의미한다.[2, 3] 특히 영국의 주요 도시인 런던과 셰필드, 에든버러는 공원도시를 선언하며 전원이 스며든 도시의 중요성을 강조하고 있다.[4] 런던의 전 시장인 보리 존슨Boris Johnson은 '녹색공간은 문명화된 도시를 창조한다'라고 표명하며, 잘 조성된 녹지공간이 첨단 도시성장에 동력임을 역설하였다.

미국 뉴욕에서는 'Greener, Greater New York'[5]이라는 슬로건을 바탕으로 도시 경쟁력 제고를 위한 녹색정책을 도시 발전 방향으로 제시하였다. 이와 같은 맥락으로 세계 여러 도시들은 도시 미학의 중요성과 보행 친화적 가로경관에 대한 새로운 비전을 제시하고 그 방안 모색을 정치적 우선 순위로 정하는 추세이다. 세계 여러 도시들의 시의회와 지방당국에서는 도시 오픈스페이스에 대해 소음, 쓰레기, 반달리즘과 같은 문제 요소가 아닌 건강, 아름다운 경관, 여가 활용 장소와 같은 기회 요소로 그 인식이 변화되고 있다.

도시 오픈스페이스는 여가를 위한 공간으로서 축제, 거리 전시, 팝업 아트 설치 등 다양한 활동으로 사람들이 멈추고 휴식을 취하며 주변 환경과 교류하는 장소로 재탄생될 수 있다. 문화적으로 앞선 국가일수록 다양한 프로그램으로 오픈스페이스의 다채로운 활동을 장려하고 있다.

핀란드 오슬로시는 2019년까지 도심에서 자동차 통행 금지를 선언하여 다양한 문화행사 및 교류가 가능하도록 하였고, 뉴욕의 하이라인 파크는 거대 녹지 보행공간과 프로그램들로 세계인을 불러모으고 있다. 이러한 그린 오픈스페이스는 시민들이 공유하고 즐기는 공공 공간이다. 보행 중심의 도심은 도로 운송을 최적화하여 교통량을 획기적으로 줄이며 대중교통과 개인 교통의 경계를 허무는 공유 차량에 의해 크게 촉진될 것이라는 의견도 있다.

이처럼 보행 중심의 다채로운 야외활동 공간들은 도시민의 삶에 여유와 유희를 제공한다. 도시공원을 포함한 다양한 규모의 그린 인프라스트럭처는 미기후微氣候 조절 및 자연생태 공간 조성, 사람들의 정서순화와 치유, 더 나아가 지역 공동 문화 체험의 장으로 확장되고 첨단 과학기술의 실현 공간으로까지 다양한 부분에서 그 역할이 기대되고 있다. 문명화된 공간의 이전 모습인 자연녹지는 역설적으로 도시 녹화

비양쿠르 공원(Parc de Billancourt)
프랑스 불로뉴비양쿠르(Boulogne-Billancourt) 공동주택지에 인접한 공원으로 잘 조성된 주거지 녹
지공간은 정주 여건을 높이는 주요 요소가 된다.

공간을 통해 다양한 규모와 영역들에서 또 다른 방법으로 더욱 문명화된 도시를 창조하고 실현할 수 있는 가능성을 제시하고 있다.

아울러 서울을 비롯한 세계 주요 도시들은 공원 중심의 그린 인프라 구축과 더불어 녹색공간을 도시 발전 전략과 비전으로 밝히고 있다. 이로 인해 녹색공간을 도시 운영과 정책 시스템의 사회적 도구로 활용하고자 하는 노력들이 보인다. 이는 도시공원이 생태보전과 자연녹지 조성 등 건강과 휴양을 위한 장소에서 도시정책을 구체화하는 수단으로 부상되었다는 사회적 의미로 이해할 수 있다.

2 도시공원과 사회적 디자인

도시공원의 법적 정의

도시공원이란 도시지역에서 도시자연경관을 보호하고 시민의 건강·휴양 및 정서생활을 향상시키는 데 이바지하기 위하여 설치 또는 지정된 공원으로「도시공원 및 녹지 등에 관한 법률」에서 정의하고 있다. 이 법은 도시에서 공원녹지의 확충·관리·이용 및 도시녹화 등에 필요한 사항을 규정함으로써 쾌적한 도시환경을 조성하여 건전하고 문화적인 도시생활을 확보하고 공공의 복리를 증진시키는 것을 목적으로 제정되어 있다.[6] 도시공원은 그 기능 및 주제에 따라 도시생활권의 기반이 되는 공원 성격으로 설치·관리하는 공원이다. 생활권공원과 생활권공원 이외에 다양한 목적으로 설치하는 주제공원으로 다시 분류된다(공원녹지법 제15조).

먼저 생활권 공원으로는 소공원(소규모 토지를 이용하여 도시민의 휴식 및 정서 함양을 도모하기 위하여 설치하는 공원), 어린이공원(어린이의 보건 및 정서생활 향상에 이바지하기 위하여 설치하는 공원),

뮌헨 올림픽공원(Olympiapark München)
1972년 독일 뮌헨 올림픽 개최를 기념해 조성된 공원으로 서울 올림픽공원 조성 당시 이 공원을 벤치마킹한 것으로 알려져 있다. 언덕, 수목, 수공간 등을 이용한 자연지형적 공원 디자인과 다양한 행사 프로그램 구성이 돋보인다.

근린공원(근린거주자 또는 근린생활권으로 구성된 지역생활권 거주자의 보건·휴양 및 정서생활 향상에 이바지하기 위하여 설치하는 공원) 등이 있다. 다음 주제공원은 역사공원, 문화공원, 수변공원, 묘지공원, 체육공원, 그 밖에 특별시·광역시·특별자치시·도 또는 특별자치도의 조례로 정하는 공원 등이 있다. 이상은 법률에서 밝힌 정의로 이러한 법적 정의는 도시공원을 조성, 운영 및 관리하는 기준이 된다. 이후 법령에서 정의한 도시공원의 정의 외에 다양한 측면에서 도시공원에 대한 의미와 해석을 살펴보고자 한다.

도시공원의 공공성

공원은 본래 조성 목적인 공공성의 이유로 민간에서 영리를 목적으로 조성 및 운영하기보다는 공공기관에서 지정 및 조성, 운영을 담당하는 경우가 일반적이다. 공공성은 누구나 즐길 수 있는 공개성과 그곳을 이용하는 도시민들이 공동으로 구축 및 활용하는 공동성의 두 가지 의미를 지닌다. 그러므로 도시공원에 대해 도시민이 용이하게 이용할 수 있도록 접근성을 높이고, 공원 활용 시 공동의 자산이라는 생각을 바탕으로 함께 만들어가는 공간이라는 인식이 필요하다.

공원의 물리적 환경인 지형과 보행로, 수목, 생태 공간, 편의시설 등은 지방자치단체의 담당 기관에서 조성하지만, 운영은 시민들의 아이디어와 체험을 통해 공원 운영 및 관리 콘텐츠를 만들어 가는 경우도 흔히 볼 수 있다. 이는 공공기관이 일률적으로 환경을 조성하고 일반 시민이 그곳을 사용하는 수준을 넘어, 민관이 함께 도시공원을 창조하고 만들어가는 과정의 중요성을 보여주는 것이다. 아울러 도시공원은 도시의 모든 이용자에게 열려 있어야 하며, 공원과 정원의 공적·사적 경계에서 공공의 정원문화로 확장되어야 한다.

도시공원의 가치에 대한 인식 변화와 사회적 역할

공원이 처음 도입되었던 근대 도시공원은 행락과 휴게 장소 이상의 의미로 서구 문물의 상징이며 개화용 도구, 계몽용 시설로 받아들여졌다.[7] 이후 급격한 경제성장과 함께 1980년대에 도시에서 누구나 쉽게 접근할 수 있는 근린공원이 본격적으로 조성되기 시작하였다. 더 나아가 1990년대는 친환경 생태환경에 대한 관심이 증가하면서 공원의 역

할이 확장되어 도시 일상에 더욱 밀접한 활동 공간이 되었다. 도시공원은 도시민들의 운동 및 오락, 교류, 여가 활동의 수요를 만족시키는 등 다양한 측면에서 도시환경을 유지할 수 있는 도시생활의 기본 요소가 된다. 더불어 아름다운 도시 경관을 형성하는 구성 요소일 뿐만 아니라 도시의 쾌적성Amenity을 유지하고 증진 가능한 도시 내의 열린 외부 공간으로서 인식되고 있다.

　도시공원의 기능과 역할을 살펴보면, 첫째, 사람들에게 여가활동 장소를 제공하고 정서를 순화시켜주는 오락 및 휴양의 기능이 있다. 과거에는 자연적 풍경 속에서 정적인 위락 중심의 기능이었으나 최근에는 다양한 체험을 중심으로 시민이 참여하여 프로그램을 구성하고 함께 만들어가는 능동적이고 동적인 체험 위주의 위락 활동으로 확장되고 있다. 둘째, 도시의 인공 경관에 자연물을 조화시켜 자연의 향수를

로세공원(Lohse Park)
세계 도시재생 선진 모델로 평가받고 있는 독일 함부르크 하펜시티 내 주거지 근린공원. 지형을 이용한 디자인과 생태환경적 자재를 활용한 어린이 놀이터 계획이 돋보인다.

자극하고 도시경관을 아름답게 하는 심미적 기능이 있다. 셋째, 지표와 식재의 기온 및 습도 조절, 일조 효과와 통기 효과, 먼지 흡수와 공기 정화 등의 생태환경 보전 기능을 갖는다. 넷째, 유사시 재해 방지를 위한 방호 방재 기능을 가진다. 마지막으로 다양한 프로그램 참여 기회를 통해 교류 공간을 제공하는 사회적 기능이 있다. 이는 지역의 문화적 회랑 등을 제공하는 포괄적인 장소로서 의미가 커 공간적 장소의 특성뿐만 아니라 이용자의 라이프 스타일까지도 동시에 함유하며 그 내용이나 형태가 점차 다양하게 나타나고 있다.

특히 도시공원은 전통적 공원의 기능인 자연 생태환경 향유, 건강 증진 및 휴식, 위락 중심의 기능에서 그 역할이 문화적으로 점차 확장되어 도시의 일상이자 도시문화 공간의 한 축으로 성장하고 있다는 점이 특징적이다. 이에 도시공원은 유연하고 복합적인 성능과 다중의 기능이 중첩되어 다양한 이념과 가치가 공존하는 복합성과 탄력성의 성격을 지니고 있다.[8]

이렇게 다양한 역할을 하는 도시공원은 도시의 생태환경 및 공간적 문제 해결과정의 메커니즘인 동시에 그 자체로도 다양한 사회적 역할을 수행하고 있다.

도시공원 조성 방향

도시공원은 원래의 자연녹지 상태가 보존되는 토지 혹은 자연 일부를 공원으로 보는 견해에서 시작되었다. 그러나 국내 공원계획에 있어 선구적 역할을 한 김귀곤은 이보다는 '공원이 어떻게 이용될 수 있는가'에 대한 생각의 중요성을 강조하였다. 도시공원 조성에 있어 각 도시공원이 지니고 있는 각기 다른 기능이 상호보완적으로 발휘될 수 있도록 한다. 도시계획 전반에 걸친 환경보전 체계, 휴양·오락 체계, 녹지 체계 등 공원녹지 공간 체계를 종합적으로 검토하여 이것들이 균형 있게 이루어지도록 계획해야 한다. 일본의 경우에는 레크리에이션 체계, 방재 체계, 환경 체계를 통합하는 과정에서 이러한 체계 상호 간의 중요성을 강조하고 있다. 도시공원의 역할 중 어떤 부분을 중점으로 계획하느냐에 따라 그 공원의 성격이 달라진다.[9]

앞으로의 도시공원 설계 방향은 도시 기능 요소들의 균형 관계에 먼저 중점을 둔다. 또 시민들이 어떻게 살고 싶은가에 초점을 맞추어 시민들의 아이디어를 반영할 수 있도록 한다. 도시민들의 일상생활에서 삶의 의미와 지표를 찾는 장소로서 공원 조성에 대한 발상의 전환이

프랑스 국립 도서관(Bibliothèque François-Mitterrand)의 숲
프랑스 파리의 미테랑 도서관 지하 선큰 가든에 조성된 조경공간은 건축물에 부속된 잘 다듬어진
정원이라기보다는 울창한 숲을 연상하게 한다. 짙은 푸른색의 거목들은 원초적 자연공간을 도시에
서 조망할 수 있는 색다른 경험을 제공하고 있다.

필요하다. 추가적으로 어느 정도까지 사회적 가치를 형성하거나 반영
할 수 있는지에 대한 연구가 필요하다. 이렇게 조성된 도시공원은 그
지역의 자긍심을 고취시키고 정체성을 강화하여 지역 경제에도 영향력
을 미칠 수 있다.

이처럼 다양한 도시공원 역할의 중요성에 관한 공감대가 일반 시민에
게도 확장되어 현재 공원의 조망 가능성과 접근성이 주거지 선택의 주
요 기준 중 하나가 된 것은 도시공원 가치 측면에 시사하는 바가 크다.

도시공원은 도시에 생명력을 제공한다. 도시공원은 사회적 역할의
확장과 이용자의 다각적인 요구에 의해 디자이너의 직관과 경험에 의
존해왔다. 더 나은 도시공원을 조성하기 위해서는 이용자 중심의 합리

적이고 과학적인 설계방법이 필요하다. 공원설계는 공공을 위한 사회적 디자인이며 시민들이 그곳을 누리며 만들어가는 창조 과정이 되도록 프로그램을 구성하는 것이 중요하다. 도시공원은 지역사회의 문화적 수준과 환경 의식, 정서적 여건, 그리고 사람들의 생활상을 가늠하는 지표가 된다. 도시공원의 접근성과 활용성 그리고 녹지 확보 및 녹지정책들은 사람들의 삶의 질 향상과 밀접한 관련성이 있다. 추가적으로 도시공원의 자생적 발전 가능성이 보완된다면 사람들을 위한 수준 높은 사회적 디자인이 될 수 있다.

3 야간 공원을 도시의 삶 속으로

야간 도시공원의 새로운 가치

빛으로 밝혀진 공원은 시민들에게 다채로운 밤시간을 제공하며, 도시공원의 바람직한 조명환경은 공원을 깨어나게 하여 사람들을 불러모은다.

도시공원의 밤은 도시민들에게 풍요로운 삶의 가치와 실천을 수용하는 중요한 도시공간으로 인식되어 다양한 의미 공간으로 재해석되며, 이는 생태 환경적 향유와 더불어 도시 문화적 요소이자 정서적 공간으로서 그 기능성이 재발견된다. 사람들의 삶의 수준 향상과 녹지공간 가치에 대한 인식 변화로 도시공원의 수요가 급증하고 있다. 더욱이 야간 시간대의 활용 정도와 그 중요성이 강조되어 야간 도시공원이 주목받고 있다.

뉘른베르크에 위치한 주립공원(Wöhrder Wiese)
독일 뉘른베르크 도심에 조성된 공원으로 수변공간과 넓은 녹지가 인상적이다. 야간 도시공원에 색
온도가 낮은 나트륨램프를 설치하여 공원 전체적으로 균형 있는 밝기분포와 따뜻한 색의 조명 연출
이 이루어져 있다.

무용의 밤 공간을 도시의 삶 속으로

그동안 공원은 도시에서 밤마다 사라지는 공간이었다. 야간이 소모
의 시간이 아닌 생산의 시간이라는 인식 변화와 녹지공간의 역할과 가

치에 대한 이해 확대가 도시민의 삶에서 공원의 밤을 일상의 장소로 되돌려 놓았다. 도시와 사회가 성장함에 따라 야간 시간대에 활용 정도와 그 중요성이 더욱 강조되고 있다. 도시공간에 있어 야간 도시공원은 무용의 공간에서 점차 도시민의 삶의 일부가 되고 있다. 야간 도시공원은 공간 제공을 통해

서울 여의도공원
1999년에 개장한 대규모 공원으로 한국 전통의 숲, 잔디마당, 문화의 마당, 자연생태의 숲 등으로 이루어져 있다. 국내 대표 업무지구에 조성되어 있는 공원이지만 야간에는 기준조도조차도 충족되지 못한 공간들과 이용자의 행태가 고려되지 않은 조명환경으로 질적 제고가 필요하다.

이용자들에게 휴식과 산책, 운동, 교류와 같이 정적 및 동적인 활동을 가능하게 하고 개인적 및 사회적 활동을 다양하게 지원한다.

이는 야간 도시구조와 사회구조의 관계를 강화한다. 사람들의 생활 패턴 변화 및 사회적 경향과 공간 이용 목적의 다양화로 도시의 공원은 낮에서 밤으로 공원 활용의 초점이 이동하고 있다. 도시공원은 목가적 환경을 구현하는 표상의 경관에서 문화생활 향유의 한 방안으로 이해되어 대상이 아닌 경험 과정으로 강조되고 있다. 이는 이전에 공원 설계 시 자연 풍경을 형성하는 데 초점을 맞추었던 공원 설계방법의 경향이 점차 사람들이 참여하고 즐기는 프로그램 중심으로 이동하는 것을 의미한다. 또한 프로그램의 진행과 계획의 주체가 지역 인근 거주자들로 부각되고 있으며, 도시공원은 시민들의 창조적 야외 활동과 위락의 일상 서비스를 제공하는 중요한 도시의 요소로 그 역할이 확장되고 있다.

아울러 도시공원 디자인 내용에 있어 공원 조성 주요 요소가 도시공원의 공간적 용도와 시설물 활용에서 시간적 콘텐츠 경험프로그램까지

시공간적으로 확대되어야 한다. 이에 야간 도시환경에 있어 다양한 기능과 역할을 담당하는 도시공원은 그 목적과 용도에 맞는 공원 조명환경의 질적 향상이 요구된다.

삶의 척도로서 야간 도시공원 디자인

공원은 도시민의 삶과 문화를 반영한다. 도시의 삶에서 밤시간의 비중이 커짐에 따라 공원 또한 밤과 그 문화를 수용하고 있는 양상을 볼 수 있다. 최근 도시의 옥외공간에서 이루어지는 새롭고 다양한 활동들이 우리 도시의 삶에서 중요한 일상으로 부각되고 있으며, 특히 하루 일과 이후 야간 시간 활용 방법이 사람들의 삶의 질에 중요 척도가 되고 있다.

도시 성장 개발 측면에서도 옥외 공공 공간의 주간과 야간에 대한 시공간적 입체적 계획은 도시공간의 이용 효율성을 높이는 주요 수단으로 이해될 수 있다. 야간 도시공원의 빛환경은 해당 지역의 도시 구조를 형성하고 야간 도시공간의 질서를 강화한다. 이러한 빛환경은 그곳의 공간적 특성을 규정하여 장소적 의미를 형성한다. 도시공원의 빛환경은 그 공원 이용자들의 행위 기준이 되고 활동 정도와 범위를 설정하기도 한다. 이러한 도시공원 이용자들의 행위들은 행태 패턴을 형성하고 그 공간에 새로운 장소성을 부여하기도 한다. 이처럼 빛으로 밝혀진 야간 도시공원은 그곳 이용자와 상호작용을 토대로 의미론적 해석이 가능한 장소로 표현되며 이를 빛을 통해 다양한 규모로 재조직하는 시각적 위계를 형성하여 새로운 사회적 의미를 표현한다. 이는 공간의 정체성으로 드러나며 새로운 공간 창출 및 공간의 가치로 나타난다.

이같이 잘 계획된 야간 도시공원을 향유하는 사람들의 야간 활동 모습은 도시에서 살아가는 현대인의 생활에서 또 다른 기준이 될 수 있다.

보스턴 워터프런트공원(Waterfront Park)
미국 보스턴의 수변공원으로 다양한 조명방법을 시도하고 있다. 일반적인 가로등 위주의 조명계획보다는 공원 시설물에 스텝라이트와 수목에 지중등을 시공하여 주간과는 다른 공간을 연출한다.

2 야간 도시공원의 새로운 가치

1 도시공원 조명디자인이란

경관디자인

인간이 지각하는 도시공간은 주변 환경에 대한 가치체계이자 인식의 결과이며, 인간이 형성한 도시공간의 모습들은 경험의 질서이자 행위체계이다. 이러한 도시공간 모습을 시지각을 중심으로 인식한 결과가 도시경관이며, 도시공간과 사람과의 관계성을 구체화하는 과정을 경관디자인이라 할 수 있다.[10]

경관이란 자연, 인공 요소 및 주민의 생활상 등으로 이루어진 일단圍의 지역 환경적 특징을 나타내는 것이다.[11] 이는 시각적으로 보이는 경치, 즉 풍경과 더불어 도시에 사는 사람들의 정치, 사회 및 경제적 활동과 문화적 풍취 등 그곳에 사는 사람들의 생활방식과 가치체계 등이 종합적으로 반영된다. 경관은 다수의 대상을 전체적으로 조망하여, 이 대상들의 조합을 공간구성의 관계로 인지한 인간의 심적 현상이다.

도시경관은 단순히 물리적 도시의 모습이 아닌 도시 안의 문화, 가치체계, 생활방식이 표현되고 기록된 종합적 건축문화로 이해될 수 있

미국 보스턴의 시포트 커먼(Seaport Common)(위)과 덴 하그(Den Haag)시(아래)의 가로경관
보스턴과 덴 하그의 도심지 경관처럼 인공경관인 건축물로 둘러싸인 녹색공간은 도심지에 여유와
활기를 부여한다.

다.[12] 경관계획은 자연물과 건축물, 보행가로와 같은 공간 환경과 사람들과의 관계성을 포함한 도시 전체적 이해를 바탕으로 진행되어야 하며, 이 과정에서 공간 이용자에게 시각 중심의 관조에서 심미성을 바탕으로 한 공감각적 지각 경험의 기회를 제공하는 것이 중요하다.

이러한 주간의 물리적 경관을 야간의 빛현상에 의한 공간연출 과정으로 이해할 수 있는 경관조명 디자인은 공적 공간인 도시 외부공간을 빛을 통해 해석하고 재구성하는 행위이며, 이 과정에서 형성된 도시 모습을 야간경관이라 이른다.

야간경관 디자인의 의미

야간경관 디자인이란 빛이 인간에게 미치는 영향을 다각적으로 이해하고 빛과 공간의 관계를 미학적으로 해석하여 빛에 의한 새로운 실체 및 공간 질서를 형성하기 위한 구조적 계획 과정이다. 경관조명은 대상물의 특징을 조명을 통해 강조하여 대상물의 야간 이미지와 도시 이미지를 생성하고 인식하는 데 그 목적이 있으며, 경관조명 디자인은 도시의 기능성과 심미성의 관점에서 빛연출을 통한 유기적 개체들의 통합화 과정으로 이해될 수 있다.

일관된 경관조명 디자인 방향성은 도시 구성 요소의 부분들이 합쳐져 통합된 전체를 형성한다. 이렇게 형성된 야간의 통일성은 시각적으로 도시공간의 성격을 뚜렷하게 나타내어 그 도시의 새로운 정체성을 만들어낸다. 조명디자인은 목적에 따라 조형 요소를 선정·분리·조직하여 또 다른 시각적 통합 환경을 형성하고 야간의 공간적 특성을 강화한다. 잘 계획된 조명환경은 공간에 대한 정확한 이해를 바탕으로 공간과 조명의 통합 과정으로 발현되며, 조명디자인의 해결안은 바로

경복궁 야간경관

bitzro & partners(대표 고기영) 조명설계

중요 문화재경관인 경복궁과 그 일대에 대한 마스터플랜을 수립하여 빛에 의한 섬세한 표현으로 대상 공간에 대한 이해도를 높이고 있다. 조선왕조 시대의 의미와 정신을 다시 생각해 보게 하는 조명 디자인으로 한국의 빛에 대한 여운을 남긴다.

© ERCO GmbH, www.erco.com Photographer: Jackie Chan/Sydney

그 공간에 있다.

　도시 야간경관은 지역 고유의 경관자원을 중심으로 역사, 문화, 자연경관의 풍토적 요소와 도시 기반 구조물, 건축물, 가로 시설물 등의 건조적 요소 등이 대상이 된다. 도시 야간경관은 다양한 공간 규모에서 도시공간 구성 요소들의 상호관계로 형성된다. 이러한 도시 요소들의 관계 속에서 그곳의 정체성과 특수성이 구축되어 다양한 장소성으로 인식된다.

　아름답고 개성적인 야간경관 창출은 지역의 역사와 풍토, 사람들의 생활상에서 배양되며 이어받아 온 것을 다음 세대로 다시 연결하는 연속성을 확보하여야 한다.[13] 야간경관 계획에 있어 도시에 존재하는 다양한 구성 요소들의 상호 관련성을 고려하여 종합적으로 조립하고 도시 문맥을 구축하는 것이 중요하다.

| 바람직한 야간경관 디자인

　바람직한 야간경관 디자인은 도시의 운동법칙을 항상 염두에 두고 도시를 전체적인 맥락과 구성 요소들을 통해 형태화 및 실체화하며, 이 과정에서 도시 빛패턴을 비교적 규칙적이며 단순하게 조성하되 각 구역에 개성을 부여하여 통일감과 다양성이 공존하는 도시 빛을 찾는 것이 중요하다. 또한 사람들의 삶의 질에 기여하는 조명 조건을 찾아내고 적용한다면 빛에 의해 경관은 새롭게 정의되며 그곳 이용자는 의미 있는 시지각 현상을 경험하게 될 것이다.

　야간 도시경관은 주간의 물리적 경관이 빛을 통해 현상적으로 지각되어 주변 관계에 따라 다양하게 인식된다. 도시경관을 조명을 통해 디자인하는 것은 도시환경의 기능과 목적에 따라 빛에 의해 공간의 구

티어가르텐(Großer Tiergarten)
독일 베를린에서 가장 오래되고 큰 공원인 티어가르텐 주변의 가로경관이다. 반사판이 부착된 가로
등으로 연출하여 간접조명의 조화로운 빛분포와 2800K 이하의 낮은 색온도로 편안하고 질서감 있
는 도시경관을 연출하고 있다.

조적 질서를 형성하는 과정이며 공간 구성 요소들의 관련성을 고려하
여 종합적으로 도시 공간의 문맥을 구축하는 과정이다.

경관조명 디자인은 주간의 경관을 빛을 통해 재구성하여 공간 특징
을 구체화함으로써 그곳에 특성을 부여하고 이용자의 다양한 행태를
지원하여 야간활동을 풍요롭게 한다. 이는 표층 밑에 감추어진 공간 가
치를 빛을 통해 장소화하는 과정으로 이해할 수 있으며, 이렇게 형성된
야간 도시공간에서 이용자들은 자신의 행위에 대한 가치 판단 결과로
다양한 행동이 이루어지며 그로 인해 그곳의 행태패턴이 형성된다.

2 야간 도시공원의 새로운 가치와 역할

도시공원의 밤

그동안 공원은 밤마다 사라지는 공간이었다. 급속한 산업화로 인해 국내 도시는 평면적 이용구조와 도심 공동화 현상으로 밤의 공원을 소외의 공간으로 만들었다.

그러나 도시공원의 밤은 점차 달라지고 있다. 24시간 활용되는 유연한 라이프 스타일과 밤이 소비의 시간이 아닌 생산의 시간이라는 인식의 변화로 우범의 공간이자 무용의 시간으로 여겨졌던 공원의 밤을 우리 삶의 공간으로 되돌려 놓았다. 공원의 밤은 생태 환경적 향유와 더불어 도시의 문화적 요소이자 정서적 공간으로 재발견되고 있다. 빛으로 밝혀진 공원은 시민들에게 풍부한 밤 시간을 제공한다. 야간 도시공원의 빛환경은 그 공간에 생기를 더하며 사람들에게 활력을 불어넣는다. 공원의 밤은 도시민들에게 풍요로운 삶의 가치와 실천을 수용하는 중요한 도시공간으로 인식되어 의미의 공간으로 재해석되곤 한다.

밤의 도시공원에 대한 인식은 전원적 환경을 구현하는 표상의 경관에서 생태 문화 경험과정으로 전환되고 있다. 도시공원의 야간 녹지공간은 바라보는 대상이 아닌 그 공간 내로 진입하여 공감각적으로 도시공원과 이용자 간의 일체화된 문화적 정서경험공간으로 인지되고 있다. 이는 공원 설계 시 녹지 풍경을 형성하는 데 초점을 맞추었던 공원설계의 방향이 공간 운용 프로그램 콘텐츠와 그 콘텐츠 구성의 주체인 시민으로 초점이 변경되고 있다. 도시공원은 시민들의 일상 서비스를 제공하는 중요 도시 거점이 되고 있다. 공원의 공간적 프로그램뿐만 아니라 시간적 프로그램 구성 또한 디자인 계획 요소가 되어야 한다. 이에 따라 사람들에게 시공간에 대한 공감각적 경험 요인을 어떻게 제공할 것인지에 대한 고민이 필요하다.

점차 실내에서 보내는 일과 외에 실외에서 이루어지는 새롭고 다양한 활동들이 도시 삶에서 중요한 일상으로 부각되고 있다. 야간 시간대의 실외 활동들이 도시민 삶의 질에 있어 주요 평가 수단이 되고 있다. 이러한 일과 이후의 삶의 질적 평가 도구화는 도시 성장 및 개발의 한 방법으로 이해되어야 하며, 도시공간 활용 효율을 높이는 요소가 되기도 한다.

야간 도시공원에서의 행위패턴

야간 도시공원에서 이용자의 행위과정을 살펴보면, 어떤 가설을 바탕으로 한 움직임에 따라 밝혀진 공원 환경을 인지·해석·평가하여, 또 다른 가설을 창출하고 행위를 수정하여 새로운 공간지각 결과들을 재구성하는 과정을 통해 이용자의 행위 패턴이 체계화된다. 즉, 이용자와 주변 공간의 상호작용인 지각과정은 행위에 의해 규정되며 경관조

리버티 파크(Liberty Park)
뉴욕 그라운드 제로 옆에 위치한 공원이다. 공원 전체 기준조도를 높이고 난간을 이용한 간접조명
을 설치하여 우범화 방지와 911 추모공원을 바라볼 때 시각적 불편함이 없도록 계획하였다.

명이 연출된 공간형상은 행위의 기준이 된다. 빛으로 밝혀진 야간 공
원의 요소들은 기능성과 심미성의 유기적 통합 과정을 바탕으로 야간
도시공원의 새로운 공간적 특성을 부여하거나 강화시킨다. 이러한 과
정에서 야간 도시공원의 장소적 특수성이 생성되며, 그곳 이용자는 움
직임에 따라 연속적 맥락에서 공간을 지각하여 일관된 공간경험으로
인지한다. 환경과 정서적 관계를 철학적으로 분석한 이푸 투안에 따르
면 인간이 만든 공간은 인간의 정서와 인지를 정제시킬 수 있다고 하
였다.[14] 그의 견해와 같이 야간 도시공원에서 잘 계획된 경관조명은 이
용자 행위 가치를 판단하는 주요 요소가 되어 야간활동의 정서적 편의
성을 높이고, 야간 도시공원의 공간적 질서를 형성하여 이용자 행태패

턴을 체계화한다. 즉 조명환경이 사람의 움직임이나 행위를 변화시킬 수 있다는 의미이다.

야간 도시공원은 빛을 통해 공간적 질서를 형성하여 그곳의 특성을 규정하며, 이를 지각하는 이용자들의 행위 기준이 되어 그 공원에서 사람들의 행태패턴을 형성하는 데 도시공원 경관조명 디자인의 의의가 있다.

도시공원 조명디자인의 역할

도시공원 조명디자인의 목적이자 역할은 이용자들이 빛을 통해 물리적 활동영역을 제공받아 심리적 안전감 확보와 심미적 만족감을 증진하여 도시공원의 활용성을 높이는 데 있다.

먼저, 도시공원의 조명환경은 이용에 있어 심리적·물리적 활동영역을 확보하고 활동 정도를 결정하게 한다. 즉 사람들의 활동성을 결정하게 하는 주요 요인이다. CIE[International Commission On Illumination]에 따르면 외부조명의 일차적인 목적은 옥외공간에서 공간과 사람의 형상을 파악하고 그에 따라 활동 정도를 결정하여 활동 영역을 확보하는 것이다. 공공 공간에서 시야 확보의 정도는 보행자가 장애물을 지각하고 보행로의 표면 고르기를 파악할 수 있어야 한다. 또 마주 오는 사람의 행동에 대응할 수 있는 거리에서 상대방을 인지할 수 있을 정도의 밝기를 확보하는 것이 필요하다.[15] 이러한 수준의 밝기를 통한 시야 확보는 편안하고 안전하게 주변 시설을 이용하고 즐길 수 있는 쾌적한 공간으로 인지되어 사람들의 야간 활동의 영역과 정도를 결정하게 한다.

다음 도시공원 경관조명의 역할은 공간 활용에 있어 심미적 만족감을 증진시키는 것이다. 사람들이 야간 공원을 이용하며 도시환경의 밤

시카고 야간경관과 밀레니엄 파크(Millennium Park)

낮은 색온도로 안정감 있는 야간경관을 조성한 시카고에서는 야간에도 다양한 문화행사와 공공미
술을 감상할 수 있다. 밀레니엄 파크 랜드마크인 '크라운 분수'는 물, 빛, 유리를 이용한 공공예술작
품이다. 스크린에 1,000명의 다양한 인종, 계층, 연령의 시카고 주민들 얼굴을 등장시켜 화합의 사
회적 메시지와 새로운 예술의 실험성, 유희적 의미를 전달하고 있다.

사유원
bitzro & partners(대표 고기영) 조명설계
사유원은 고요한 사색의 공간을 지향하며 '사유'의 정원으로 계획된 수목원으로 자연경관과 조화로
운 조명연출을 계획하였다.

의 아름다움을 느끼고, 공간 사용에 있어 쾌적감을 갖게 하여야 한다.
심미성이 강화된 야간경관은 도시공원의 기능과 형태를 명확히 하며
공간의 시각적 질서를 부여하고 역사적·문화적·예술적 가치를 제고
하여 품위 있는 공간으로 지각 가능하게 한다. 이처럼 경관조명디자인

은 도시공간의 다양한 구성 요소들을 통해 빛과 공간과의 관계를 미학적으로 해석하는 과정이다. 이 과정에서 물리적 공간 요소들에 선택적 빛 연출을 더하여 공원의 미적 가치를 높이고 경관적 의의를 높여 그 장소의 특성을 강화하고 그 지역의 야간활동에 양적·질적 제고를 도모한다.

마지막으로 도시공원 경관조명에 있어 가장 기본적이며 중요한 역할은 기준조도 유지를 통한 공적 공간에서의 시인성과 안전성 확보이다. 어두운 공원과 사람들의 이용률이 낮은 공원은 우범화와 사고의 우려가 높다. 도시공원 내 전반적으로 고른 빛분포 계획을 통해 사각지대를 없애고 적정한 공원의 밝기를 통해 주변 이용자들의 행위와 모습에 대한 인지성을 높여 공원 이용자들이 안전감을 갖도록 하는 것이 중요하다.

야간의 조명은 방재나 방범의 역할을 한다. 공원 내 다양한 공간들의 기능과 그곳 이용자의 행태를 분석하여 공간의 특성과 기능에 맞는 조명을 연출함으로써 안정된 활동영역을 확보하고 안전성에 대한 신뢰도를 높여 야간 도시공원을 활성화 시키는 것이 중요하다.

대규모 도시공원과 마스터플랜

대규모 도시공원의 경관조명 계획은 일반적으로 조명 마스터플랜을 통해 전체적인 이미지를 형성하여 도시공원의 정체성을 구축한다.

더 넓은 범위로 주변 도시환경과 연계성 있는 계획을 바탕으로 도시공원의 세부 공간조명을 계획하여 조명 마스터플랜에서 제시한 방향성을 구체화할 수 있다. 이러한 조명 마스터플랜 수립은 주변 도시경관의 맥락과 더불어 다양한 규모에서의 디자인 접근을 염두에 두어야 한

Hierarchy of city lights

Landmark & Gateway   Residential area   Collector Road   Specialized Place   Subway Influential Area

도시공간 마스터플랜 사례

(동대문구, 강서구 야간경관 기본계획에서 발췌, 조명 설계 : 양정순)

대규모 공원 계획은 도시계획과 같이 마스터플랜을 수립하여 공원 전체의 구조적 경관형성과 각 요소들의 위계로 그곳을 이용하는 사람들의 야간 행태를 체계화한다. 도로와 산책로, 광장, 수목과 녹지, 조형물 등 다양한 요소들을 빛을 통해 어떻게 보이게 할 것인지에 대한 계획이 요구된다.

다. 이렇게 도시조명 마스터플랜을 바탕으로 한 경관조명계획은 야간 도시의 또 다른 현상적 공간을 구성하여 주변 도시경관과 공간구조를 형성하고 야간 활동의 창조적 가치를 창출한다. 즉 도시공원 계획 시 공원만을 단독 계획하기보다는 주변 도시공간과의 맥락에서 마스터플랜을 수립하여 움직임에 따른 야간 장면들의 연속성에 대한 이미지들을 계획할 필요가 있다.

도시공원 조명디자인의 창조적 가치

야간 도시공원은 물리적 절대 공간이 아닌 빛과 시간에 의해 가치와 본질이 규명되어 사람들에게 활용되는 데 그 의의가 있다. 조명된 요소들은 밝고 어두움의 분포와 관계에 따라 사람들 행동의 단서가 된다. 이에 야간 도시공원 이용자는 빛 연출에 따라 현상적 공간을 지각하여 그곳의 활동 정도와 움직임의 영역을 결정한다. 야간 공원 조명 환경의 수준에 따라 사람들의 다양한 행동이 표출되고 이는 그 공간의 특성으로 나타난다. 빛을 통한 공간 이용의 쾌적성은 이용자들의 활동성을 강화한다.

공간의 바닥면과 천장면 등의 수평적 구성 요소와 벽면, 기둥 등의 수직적 요소로 이루어진 환경을 빛을 통해 집중과 확산, 반사 등의 조명 연출로 3차원적 공간감을 강화한다. 이러한 공간감은 빛의 볼륨, 빛과 그림자 대비, 빛의 분포 형상, 빛의 순차적 전이 등을 통해 공간 규모와 영역, 방향 등을 형성하여 공간성을 제공하거나 표현한다.

빛을 통해 공간을 어떻게 연출할 것인지에 따라 공간이 다르게 연출되고 다양한 형태로 지각된다. 기하학적 공간은 물리적 실체이나 지각적 실체는 아니다. 물리적 절대 공간인 기하학적 공간은 빛을 통해 현

쾨니히 하인리히 광장(König-Heinrich-Platz)
독일 뒤스브르크의 광장으로 녹지공간 구조물에 경관성을 강화하는 조명이 설치되어 있다. 이러한
야간경관 계획은 주간과는 또 다른 공간성을 재조직하여 새로운 장소성을 형성한다.

상화되어 이용자에게 그들만의 지각적 공간으로 인식된다. 이처럼 빛은 절대공간을 시각화하는 근본적 수단이면서 공간 형태를 왜곡하여 인지하도록 하는 수단이기도 하다. 이러한 도시공원 경관조명 연출을 통한 공원의 기능성과 심미성의 유기적 통합과정을 통해 새로운 공간이 창조된다. 이 과정에서 도시공원 공간들의 공간성이 발현되어 그곳의 정체성이 생성된다. 이는 지역의 특성을 명확하게 하여 장소적 기능이 확장되거나 지역 경제 활성화에 기여할 수 있다. 즉 잘 계획된 야간 도시공원은 도시공간 구조와 사회 구조의 관계를 강화하는 역할을 한다.

이처럼 도시공원 조명디자인을 통해 다양한 측면에서 도시공원의 또 다른 가치가 발현될 수 있다. 조명계획은 도시공원과 공원 이용자와의 상호작용을 토대로 새로운 의미의 장소를 창조한다. 조명디자인은 공원 내 서로 다른 공간들을 다양한 공간 규모에서 시지각적 위계를 형성하여 야간 공원의 특성을 재조직한다. 이는 야간 도시공원의 새로운 사회적 의미를 표현하며 정체성으로 표출된다. 이는 장소들의 합이 아닌 또 다른 성격의 공간 창출을 의미한다.

3

도시공원
조명디자인
어휘와
국내 현황

1 도시공원 조명디자인 주요 용어

본 장에서는 이후 보다 전문적인 도시공원 조명환경에 대한 기술 과정에서 제시될 조명 관련 주요 어휘에 대한 기본개념을 익혀 조명디자인 방법론에 대한 이해도를 높이고자 한다.

먼저 어두운 도시공간에서 인공광을 통한 밝기의 분포를 배치하는 것이 가장 기본적인 조명디자인 과정이라 할 수 있다. 이에 밝기에 대한 조명 용어인 조도와 휘도에 대해 먼저 살펴보자.

도시공원 조명계획에 있어 화장실 혹은 편의시설에서의 활동, 운동시설에서의 역동적 활동 그리고 주차장 및 자전거 전용도로 등과 같은 실외 작업을 위한 빛환경은 기준조도를 확보하여 그 활동에 불편함이 없도록 하는 것이 중요하다. 그러나 산책로에서 노면 밝기를 통해 보행의 안전성을 확보할 필요가 있거나 어떤 대상을 바라볼 때, 또 어떤 방향성 제시가 필요한 곳은 휘도를 중심으로 계획되어야 한다. 이렇게 야간 도시공원의 밝기 확보도 조도와 휘도로 공간 기능과 이용 목적에 따라 다르게 접근되어야 한다.

파라다이스 시티역 소규모 공원
EONSLD(대표 정미) 조명설계
보행공간은 기준조도를 확보하여 보행의 안전성을 높이고 있다. 교각 아래의 기둥 조명과 다양한
색상의 발광면 휘도분포를 통해 공간성과 시각적 유희를 확보하였다.

조도 Illuminance

조도(단위 : lx)는 조명환경에서 공간의 밝기를 표현하는 기본적인
개념이다. 야간 도시공간에서 주변 환경적 조건과 공간적 여건, 이용
자의 신체 상황에 따라 필요 조도가 다를 수 있다. 이에 우리나라를 비
롯한 세계 여러 국가에서는 기준조도를 제시하여 사람들이 활동하는
데 불편함이 최소화 되도록 하고 있다.

조도는 단위 대상 표면에 떨어지는 광속[i]의 양이며 단위는 lx이다.

---

i) 광속은 해당 광원에서 발산되는 빛이다. 광원의 가시광선 출력량인 광속을 Watt(와트)로 표
시하지 않고 Lumen(루멘)으로 표시하는 이유는 인간의 눈이 파장에 따라 서로 다르게 감응
하기 때문이다. 더불어 발광 효율은 소비전력(lm/W)의 광속 비율이며 이것은 해당 램프의
효율성 정도로 이해할 수 있다.

여기서 광속은 광원에 의해 방출되는 빛의 총량으로 인간의 시각적 인지 과정을 고려한 빛의 양이다. 즉 1lx란 1m²의 면적 위에 1lm의 광속이 균일하게 비칠 때를 말한다. 그러나 실제로는 단위면적에 광속이 균일하게 분배되어, 빛이 비친 면적의 모든 점에서 조도가 같게 측정되지는 않는다. 적합한 조도수준과 같이 개인적 상황과 선호도에서 정도의 차이는 있으나 일반적으로 요구되는 조도수준은 KS산업규격Korean Industrial Standards에 제시되어 있다.

〈표 3-1〉 조도 분류와 일반 활동 유형에 따른 조도값(KS A 3011)

활동 유형	조도 범위[lx]	작업면 조명방법
• 어두운 분위기의 시식별 작업장 • 어두운 분위기의 이용이 빈번하지 않은 장소 • 어두운 분위기의 공공장소 • 잠시 동안의 단순 작업장 • 시작업이 빈번하지 않은 작업장	3-4-6 6-10-15 15-20-30 30-40-60 60-100-150	공간의 전반 조명
• 고휘도 대비 혹은 큰 물체 대상의 시작업 수행 • 일반 휘도 대비 혹은 작은 물체 대상의 시작업 수행 • 저휘도 대비 혹은 매우 작은 물체 대상의 시작업 수행	150-200-300 300-400-600 600-1000-1500	작업면 조명
• 비교적 장시간 동안 저휘도 대비 혹은 작은 물체 대상의 시작업 수행 • 장시간 동안 힘든 시작업 수행 • 휘도 대비가 거의 안되며 작은 물체의 매우 특별한 시작업 수행	1500-2000-3000 3000-4000-6000 6000-10000-15000	전반 조명과 국부 조명을 병행한 작업면

KS산업 규격에서는 조도는 인공조명에 의하여 각 시설 등의 장소를 밝혀 보다 좋은 생활을 할 수 있는 환경이 되어야 한다는 것을 강조하고 있다. 이를 위해 조도 및 조도분포, 눈부심, 그림자, 광색을 일반적인 고려 사항으로 제시하고 있다. 또한 조도는 주로 시작업면에 있어서 수평면 조도를 나타내지만 작업 내용에 따라서는 수직면 또는 경사면 조도를 표시하는 경우도 있다. 일반적으로 바닥 위 85cm의 책상 높

이, 앉아서 하는 일의 경우에는 바닥 위 40cm, 복도 및 옥외공간 등은 바닥면 또는 지면을 측정 기준으로 한다.

휘도 Luminance

대상물에 비춰진 밝고 어두움의 정도는 대상 마감의 반사율에 따라 우리 눈에 다르게 지각되어 대상 표면의 휘도(단위 : cd/m²)로 인지된다. 같은 밝기의 빛환경이라도 화려한 도심지에서와 산속에서 밝혀졌을 때 그 빛은 주변 환경에 따라 쾌적감을 줄 수도 있고 때로는 불쾌감을 줄 수도 있다. 휘도는 절대적 밝기보다는 주변과의 상대적 밝기 관계가 중요하다.

휘도는 눈에 의해 지각되는 가장 기본적인 조명 파라미터 parameter로 어떤 위치에서 본 물체의 표면밝기를 의미한다. 조도가 단위 면적당 어느 정도의 빛이 도달하는가를 표시하는 단위라면 휘도는 그 결과 어느 방향으로부터 보았을 때 얼마 정도 밝게 보이는가에 대한 수치이다. 휘도는 물체의 표면에 반사된 후 사람의 눈에 들어오는 빛의 밝기, 즉 표면에 반사되어 나오는 빛의 양이나 입사 또는 반사에 의한 밝기의 정도이다. 빛에 의한 공간의 밝기는 광원의 광속뿐만 아니라 반사면의 색채와 재질, 즉 반사율에 따라 상당히 다르므로 조명계획 시 대상 공간의 마감재를 고려하여 계획하는 것이 중요하다. 또한 야간경관 조명계획 시 무엇보다 휘도계획에 초점을 맞추는 것이 중요하다.

이와 같이 도시공원 조명디자인 과정의 밝기 계획은 조도와 휘도를 중심으로 이루어진다. 조명 용어에 대한 정확한 파악을 바탕으로 공간 특성에 따라 조도와 휘도 중에 어떠한 광물리량이 조명계획 시 적용되어야 하는지 구분이 필요하다. 이렇게 적용된 조명디자인은 그곳 이용자의 공간 활용성을 증진하고 심미적 만족감을 충족한다.

휘도비Luminance Ratio

휘도 계획은 도시공간 경관조명계획 시 대상을 해석하여 밝고 어두움의 관계로 표현하는 과정이다. 조명 계획에 있어 평균 5cd/m²의 휘도분포로 이루어진 공원 진입 전면부에서 한 부분을 20cd/m²로 밝기분포를 유지하면 그곳이 눈에 띄는 정도이나 그 해당 부분을 50cd/m²로 증가시키면 5cd/m²의 전면부와 50cd/m²의 강조 부분이 어두움과 밝음으로 조화를 이루어 극적인 연출 효과를 낼 수 있다. 이때 명암의 형태 관계에 따라 조형성으로 인지될 수 있다.

이와 같이 공간 표면 반사율에 따라 나타나는 빛 효과들의 관계를 재정의하여 계획하는 것이 조명계획의 핵심이다. 이 과정에서 대상물의 다양한 휘도분포를 계획하고 대비를 이용하는 휘도계획을 통해 대상 공간이 평면으로 또는 입체로 인지된다. 이러한 휘도분포의 관계를 휘도대비 또는 휘도비라고 한다. 휘도비는 상대적 휘도 배치가 중요하며 대비에 따라 공간 인지 정도가 달라진다.

〈표 3-2〉 휘도비에 따른 인지 정도

휘도비	인지 정도
1 : 10	활기찬 느낌이 들며 대상이 강조됨
1 : 5	주위보다 돋보임
1 : 3	온화한 느낌으로 약하게 강조됨
1 : 2	은은하게 주위와 조화됨

마곡중앙공원
라인스튜디오(대표 백지혜) 조명설계
수목조명과 바닥면 배광분포 패턴을 통해 단조로운 가로경관에 시각적 질서를 부여하여 공간적 리
듬감을 표현한 사례이다.

배광분포

야간의 공간 형태와 특징은 빛의 밝기와 대비, 분포 정도에 의해 인
지된다. 야간 공간의 조명계획은 공간 특성과 이용자 행태를 고려하여
각각 광원들의 배치를 통해 공간 내 조화로운 배광분포를 계획하는 것
이 중요하다. 배광hight distribution은 광원에 있어 광도의 공간 분포를 가리
키며 배광곡선luminous intensity distribution curve은 광원을 포함하는 어떤 면 내
의 각 방향에 대한 광도 분포를 그린 곡선을 의미한다. 여기서의 배광
분포는 개개의 광원 중심의 빛분포가 아닌 대상 공간의 빛분포 측면을
나타낸 것이다. 이때 배광분포 계획은 대상 공간을 균일한 밝기로 연
출할 것인지, 특정 부분을 강조하고 주변은 상대적인 어두움으로 연출
하여 밝고 어두움의 대비 관계로 야간 이미지를 강조할 것인지와 같은
계획으로 진행된다.

조명디자인은 배광분포 계획이라고 할 수 있다. 어떤 빛을 어느 자리에 어떻게 배치할지, 어떤 대상에 어떤 규모의 빛을 투사할 것인지에 대한 계획이다. 공간의 배광분포에 의해 야간 공간이 평면적으로 인지되기도 하고 입체적 공간으로 형상화되기도 한다. 잘 계획된 조명환경은 어두움으로 인한 평면적 공간을 빛을 통해 공간감을 강화하여 입체적으로 지각되도록 하여 그곳의 기능과 특성을 극대화한다. 공간은 빛에 의해 현상적으로 지각되며, 대상 공간의 배광분포는 사람들에게 심리적 물리적 활동 정도와 범위를 제공한다.

조명색채

색이란 빛이 물체에 닿아 선택적으로 흡수되고 그 나머지가 투과되거나 반사되어 우리 눈의 망막에 있는 시세포를 자극하여 발생하는 시감각이다. 디자인에 있어 색채는 형태와 함께 디자인의 시각 효과를 좌우하는 중요한 요소이며 인간의 지각과 감성을 지배한다.

빛은 다양한 파장에 의해 다양한 색으로 읽힌다. 조명에서 색은 자연

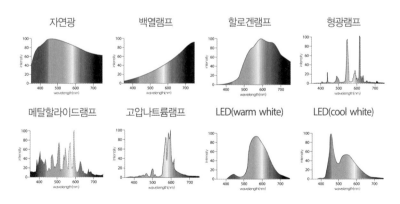

조명색채로 인지되는 다양한 광원의 분광분포 곡선

광과 같이 백색 계통의 다양한 빛을 나타내는 색온도와 빨간색(R)과 노란색(G), 초록색(B)의 조합을 통해 연출되는 색채로 구분할 수 있다. 특정 연출조명이나 경관조명, 이벤트 조명의 경우 R, G, B의 조합에 의한 적극적인 색이 사용되고 있으며 주택, 사무실, 공공장소 등 일상생활에서 기능적으로 사용되는 조명색채는 색온도를 중심으로 계획된다.

조명색채는 빛 스펙트럼을 통한 분광분포 곡선과 색좌표를 통한 색채값 제시를 통해 정량적 시각화가 가능하며 분광계측기Spectrometer와 측색계측기Colorimeter를 통해 측정할 수 있다. 빛 스펙트럼을 통한 분광분포 곡선은 인간의 시각적 특성과 관계없이 광원 파장의 양을 단파장별로 측정하여 가시광선 영역 내에서 그 양을 일정하게 분포시킨 것이다. 분광분포를 표현한 분포도는 가로축에서는 파장을, 세로축에서는 반사율을 좌표 위에 표시한 스펙트럼 그래프이다. 이는 빛을 포함하고 있는 파장의 비율 분포이다. 광원에 따라 다른 분광분포 곡선이 형성되고 있으며, 이는 광원에 따라 다른 색으로 연출된다. 또 다른 조명색채 정량적 시각화는 색도그림 상의

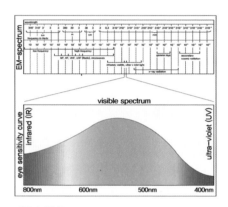

파장과 색분포

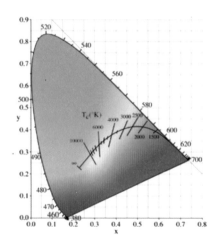

파장과 색분포

제이 프리츠커 파빌리언(Jay Pritzker Pavilion)
프랭크 게리가 설계한 본 음악당은 주말마다 무료로 클래식 음악제가 열려 지역주민과 관광객들이 모여드는 장소가 되었다. 여기에 조명색채 계획을 활용하여 건축구조물의 조형적 상징성을 강화하고 있다.

좌표 제시 방법이다.

국제조명위원회 CIE^{Commission Internationale de l'clairege}에서는 1931년 색도좌표를 평면 위에 나타낸 CIE 색도그림^{chromaticity diagram}을 만들었다. 색도그림 위에 x, y의 값을 표시한 색도좌표 점을 색도점, 색도좌표에 따라 정해진 색의 심리 물리적 성질을 그 색의 색도^{chromaticity}라고 한다. x, y의 위치는 색상과 채도를 나타내며 색도그림에서 말발굽 모양의 바깥 둘레 선 위의 숫자는 색도 좌표 위에 나타난 각 스펙트럼 파장을 나타낸다. 색도그림에서 말발굽 모양의 바깥 둘레 선 위의 숫자는 순수 파장의 색을 의미하며, 색도그림 안에 있는 지점은 혼합색을 나타낸다. 무채색은 색도그림 중심 부분에 있으며, 바깥쪽으로 갈수록 채도가 높아진다. 모든 색은 이 색도그림의 말발굽 모양 내부에 나타낼 수 있다. 한편 색도그림은 원색 인쇄를 통해 정확한 색을 재현하는 데에는 어려움이 있으나 커뮤니케이션 시 객관적 정량화 수단이 된다.

일반적으로 조명디자인 과정에서 조명색채를 정량적으로 표현할 때 컬러조명은 디밍^{dimming} 데이터를, 백색계열 조명은 색온도 표기법을 사용하고 있다. 칼라조명의 경우 RGB LED조명은 각 소자 디밍 정도로, RGB 필터필름을 사용한 형광등과 백열등은 각 광원의 디밍 정도로 시각화한다. 백색계열 조명의 미세한 색변화는 색온도로 표기한다. 그러나 RGB 조합 데이터 표현에 의한 정량화는 광원 및 필터의 제작 회사별 색차가 크며, 색온도에 의한 정량화는 앞으로 개발될 다양한 소자 색조합 LED를 통한 백색계열 조명연출 시 소통의 어려움이 있다. 이러한 이유로 정확한 커뮤니케이션을 위해 특히 LED 조명색채의 정량적 시각 표현은 색좌표로 표시할 필요가 있다.

도시공원의 조명색채는 녹지나 수목 이벤트에 자유롭게 활용될 수 있으나 과도한 색사용은 오히려 시각적 불쾌감을 유발할 수 있으니 평상시에는 제한적으로 연출되어야 한다. 그러나 그랜트파크에 위치한 프리츠커 파빌리언의 경우 조각적 건축 형태로 조형 실험성을 강화하기 위해 색채를 활용한 것으로 보인다. 이처럼 건축적 매스가 아닌 자연공간은 식생의 생장환경에 대한 고려가 선행되어야 한다.

색온도 color temperature

색온도(단위 : K)란 광원이 방출하는 빛의 색조를 물리적·객관적 척도로 나타낸 것이며 일반적으로 색온도가 낮으면 오렌지색에 가까운

청담 SI 사옥 옥상정원
bitzro & partners(대표 고기영) 조명설계
3000K의 색온도를 계획하여 수목 및 구조물과 조화로운 경관을 형성한 사례이다.

따뜻한 기운이 있는 빛이 되고 색온도가 높아질수록 한낮의 태양광처럼 백색을 띠는 빛이 된다. 여기서 색온도가 더욱 높아지면 청색에 가까운 시원한 빛으로 지각된다. 이러한 색온도는 앞에서 기술했듯이 단순히 따뜻하고 시원한 느낌의 심리적 인지 차원의 빛이 아니라 자연광의 영향을 받으며 진화된 사람들에게 생물학적 영향을 미쳐 생리적 파급 효과도 수반하고 있다.

이러한 이유로 공간디자인 과정에서 색온도에 대한 세심한 계획이 진행되어야 한다. 광원의 색온도는 따뜻한 색은 3300K 이하, 중간색은 3300~5000K, 주광색은 5000K 이상으로 구분하여 사용한다. 광원에 따라 특정 색온도를 연출하는 경우와 폭넓은 색온도 범위의 빛을 발산하는 경우가 있다. 형광램프 종류는 내부에 봉입되는 가스에 따라 빛깔이 달라지며 LED의 경우 소자의 조합에 따라 다양한 색과 색온도의 연출이 가능하다. 또한 광원의 광색이 같더라도 연색성이 다를 수 있는 것은 파장 구성이 다르기 때문이다.

연색성color rendering properties

인공조명은 사물 색을 자연광 아래에서처럼 사람의 눈을 통해 정확하게 인식할 수 있도록 해야 한다. 연색성(단위 : Ra)이란 조명된 사물의 색재현 충실도를 나타내는 광원의 성질을 말하며 연색지수 CRIcolor rendering index란 자연광에서 본 사물의 색과 특정 조명에서의 경우가 어느 정도 유사한가를 수치로 나타낸 것이다.

측정 방법은 정해진 여덟 종류의 시험색을 측정하려는 광원 하에서 본 경우와 기준 광원 하에서 본 경우의 차이를 도출하는 것이다. 측정한 광원이 기준 광원과 같으면 Ra100으로 나타나고 색 차이가 클수록

광원의 연색지수와 공간 연색지수 기준

연색지수CRI(Ra)	90 이상	80-89	70-79	60-69	40-59	20-39
자연광	■					
백열등	■	■				
할로겐	■					
컴팩트형광등	■	■				
형광등			■	■	■	
고압수은램프				■	■	
메탈할라이드			■	■	■	
고압나트륨램프					■	■
LED	■	■	■			
적용 사례 (최소 기준)	색상검사실	사무실	전자산업	조립작업	제조	창고

Ra 값이 작아진다. 지수가 100에 가까울수록 연색성이 좋은 것을 의미하며, 일반적으로 평균 연색지수가 80을 넘는 광원은 연색성이 좋다고 할 수 있다.

연색성이 중요한 공간은 디자인실, 미술관, 박물관, 의류매장 등 물체 고유의 색을 정확하게 구현해야 할 필요성이 있는 공간이다. 특히 할로겐램프와 세라믹 메탈할라이드램프가 연색성이 높으며 형광등과 백열등의 대체 광원인 LED조명의 경우 소자에 따라 연색성 차이가 크므로, 광원 선택 시 연색지수에 대한 확인이 필수적으로 이루어져야 한다. 즉, 연색성은 광원의 광질을 평가하는 주요 기준이 된다.

균제도 Uniformity Ratio of Illuminance

균제도는 조명의 조도분포가 균일한 정도이다. 도로나 노면 바닥면의 고른 밝기분포를 나타낼 때 주로 사용한다. 특히 차량이 고속으로 운행되는 도로의 경우 균제도가 유지되지 않아 음영이 생긴다면 대형사고를 유발할 수 있기 때문에 안전성에 있어 주요한 요소라 할 수 있다. 공원 산책로의 경우도 균제도가 유지되어야 보행성을 강화할 수 있다. 산책로에 어두움의 사각지대가 발생한다면 노면의 평평한 정도와 장애물을 쉽게 인지하기 어려울 수 있다.

조명디자인의 기본적 어휘 이해를 통해 국내 도시공원 조명디자인의 현황에 대한 데이터를 보다 정확히 판단할 수 있을 것이라 사료된다. 더 나아가 국내 도시공원 조명디자인의 현재를 파악하고 더 나은 도시공원 조명디자인 방법과 방법론을 함께 모색해 볼 수 있다.

2 국내 도시공원 조명디자인의 현재와 시사점

야간 도시공원의 현황

야간 도시공원 현황을 파악하여 국내 야간 도시공원 현재의 모습을 확인하고 도시공원 조명디자인 방향성을 찾고자 한다.

먼저 '기준조도와 배광분포로 본 서울숲공원과 선유도공원'에서 밝기분포를 중심으로 분석하였다. 국내 도시공원 조명기준은 조도기준만을 제시하고 있어 그를 중점으로 분석하였다. 다음 '서울 대표 공원의 현재 모습'에서는 서울의 대표 공원인 서울숲공원과 선유도공원, 서서울호수공원, 북서울꿈의숲공원, 여의도공원, 보라매공원을 대상으로 다양한 부분에서 분석을 진행하였다. 조명기구 배치 분석을 비롯하여 광물리량 측정 및 분석, 공원 이용자 설문조사 및 행태관찰 분석을 추가적으로 진행하여 다각적으로 공원의 현재 모습을 파악하고자 하였

다. 이를 토대로 현재 국내 도시공원 조명디자인 시사점과 앞으로 디
자인 방향에 대해 이야기하고자 한다.

> ※ 도시공원 야간 현황에 대한 세부적인 내용보다는 전반적인 현재 국내 조명디
> 자인 현황을 개괄적으로 보기 위해서는 이후 측정, 관찰 그리고 설문의 내용을
> 넘어 본 절의 마지막 부분인 「현재 국내 도시공원 조명환경 분석의 시사점」 부
> 분을 바로 보는 것을 권한다.

기준조도와 배광분포로 본 서울숲공원과 선유도공원

① 기준조도 확보의 문제

서울시 도시공원 조명설치 기준 및 지침에 따르면 도시공원 경관조명
에 있어 가장 기본적이면서 중요한 내용은 기준조도 유지를 통한 공적
공간 내 시인성과 안전성 확보이다. KS 조도기준에서 공원의 전반조명
은 6–10–15lx이며 주된 장소는 15–20–30lx로 제시되어 있다.

서울숲공원의 경우 공원 전반조명이 6–10–15lx의 수평적 조도(E_H)
범위에 있다. 수직적 조도(E_V)의 경우 국내 기준이 없어 해외 기준을
적용해 보면 CIE^International Commission On Illumination는 최소 2lx 이상을 설정
하고 있으며 IESNA^Illuminating Engineering Society North America의 경우는 위협
요인을 방지하기 위해 6lx 이상을 제안하고 있다. 서울숲공원 수직적
(연직면) 조도의 경우 CIE의 최소 조도수준인 2lx를 넘고 있다. 그러나
2lx의 경우 앞에서 다가오는 상대방 얼굴에 대하여 인지 혹은 식별성
이 떨어질 수 있다. IESNA가 제안하는 6lx 이상 또는 1 : 1(수직조도와
수평조도의 비) 이상 범위는 서울숲공원의 특화공간에서만 유지되고
있었다.

육안분석 결과 특화공간에서는 다른 공간에 비해 상대방 얼굴 인식이 용이하며 공원과 같은 공공 공간의 특수성에서는 수평적 조도보다는 수직적 조도가 중요한 부분이라는 것을 다시 확인할 수 있었다. 공원 전체적으로 KS^{Korean Industrial Standards}, CIE와 JIS^{Japanese Industrial Standards}, IES^{Illuminating Engineering Society} 범위의 수평적 조도를 유지하고 있으며 수직적 조도는 CIE 범위에 포함되어 있다.[ii]

선유도공원의 경우 LED가로등이 설치되어 있었다. 등기구 주변 일정 거리 범위에서는 공원 기준조도보다 과도하게 밝은 40~50lx 정도의 밝기 수준으로 측정되었다. 그러나 5m 이상 떨어진 곳이나 구조시설물에 의한 그림자 부분은 1lx 이하의 수준으로 거의 0lx에 가깝게 측정되었다. 이는 KS 조도기준인 6-10-15lx 범위에 해당하지 않으며 LED광원의 특성인 직진성으로 인해 공원 전체적 배광보다는 부분적 배광과 명확한 명암으로 오히려 가시성이 떨어져 안전감 확보에 어려움이 있는 것으로 판단된다.

〈표 3-3〉 수직 조도와 수평 조도 분포의 관계와 공간 인지의 상관성

서울숲공원	선유도공원
고압나트륨광원 사용 E_H : 5~10, E_V : 2~4	LED광원의 적용 E_H : 0.1~40, E_V : 8~30

ii) CIE, IESNA, JIS 등의 조도 및 휘도의 기준들은 본 책의 '5장 도시공원 조명디자인 기준과 제도' 참고

보다 정확한 현황 파악을 위해 해당 공원의 전기도면을 분석한 결과 선유도공원 초기 도면에서는 서울숲공원과 같이 고압나트륨램프와 메탈할라이드램프로 설계되었으나 후에 본래 램프 위치에 LED조명으로 가로등 헤드만 변경 시공하여 이 같은 문제가 발생된 것으로 판단된다. 이는 각 광원 배광 특성을 고려하지 않고 에너지 효율성과 시공 편의성 중심으로 추진하였기 때문으로 사료된다.

이용자의 편의와 안전도모를 위해 국내 도시공원 조도기준에 있어 수직적 조도기준(연직면 조도기준)이 추가적으로 마련되어야 한다. 더불어 광원의 특징과 공간적 이해 없이 광량 확보와 에너지 효율, 시공 편의성만을 고려하여 무분별하게 기존 광원 위치에 LED조명으로 램프만 바꾸는 사업은 재고해야 한다. 도시공원의 공간적 특성과 이용자 행위 수준에 맞는 수직·수평적 조도에 대한 기준 마련과 그에 따른 계획 및 관리를 통해 이용자의 시인성과 안전성이 확보되어야 한다.

② 배광분포의 문제

도시공원 조명환경은 밝음과 어두움의 관계에 의해 지각되며 이는 조명의 배광분포에 의해 연출된다. 공간의 배광분포는 절대적 광량에 대한 범위를 넘어 주변 광량과 조명방법의 관계에 따라 인식되며, 조도분포와 휘도분포로 분석 가능하다.

〈표 3-4〉와 같이 선유도공원과 서울숲공원에서는 배광분포에 의해 공간영역들이 읽힌다. 선유도공원 진입공간의 경우 직진성이 강한 LED조명 사용으로 데크 전체로 확산된 배광분포를 보이고 있지는 않지만 난간의 매입형 브라켓을 통해 배광을 보완하고 있어 하나의 공간 영역으로 인지 가능하도록 계획되어 있다.

서울숲공원 가로공간의 경우 보도 부분이 5~10lx 범위의 일정한 배광분포 형성과 바닥면과 조경부분의 마감재료 색채에 따른 반사율 관계에 의해 보행로가 하나의 영역으로 인식되고 있다. 선유도공원 산책로의 경우 산책로 교차 부분 영역 형성으로 심미적인 효과는 있지만 산책로의 연속적 흐름이 형성되지 않고 바닥면의 과도한 휘도대비로 인해 바닥면이 잘 지각되지 않는 것으로 판단된다.

서울숲공원 휴게공간의 경우 휴식기능의 범위인 2~10lx의 조도분포이며 주변 조경부분은 2lx에서, 가로등 아래는 10lx로 공간 목적에 맞는 조도분포를 통한 영역을 형성하고 있다고 판단된다. 이러한 배광에 따른 조도분포로 다양한 공간 규모에서 다채로운 공간 영역들이 형성되고 이러한 영역들이 그 관계에 따라 공간적 위계로 인식된다.

서울숲공원 휴게공간의 경우 가로등의 배광분포로 휴식 기능을 위한

〈표 3-4〉 수직 조도와 수평 조도 분포의 관계와 공간 인지의 상관성

서울숲공원	선유도공원
가로공간 E_H : 5~10lx	진입공간 E_H : 2-25-70lx
휴게공간 E_H : 2~10lx	산책로 E_H : 0.1-60lx

공간 영역이 생성되고 주변과의 조도대비에 따른 공간 위계가 형성되고 있다. 앞서 언급했듯이 선유도공원 산책로의 경우 교차 부분에 조도분포로 인한 밝은 영역이 형성되었으나 연속적 보행성이 중요한 산책로의 경우 교차로에서 조도대비에 의한 영역 형성은 바람직하지 않고 그 공간의 이용 목적에 맞는 연속성을 강화하는 공간적 특성을 갖는 것이 중요하다.

다음 〈표 3-5〉는 휘도분포 측정 결과와 광원에 따른 조도분포이다. 먼저 휘도분포 측정 결과를 보면 산책로의 경우 선유도공원은 E_H : 20~70lx, E_V : 1~40lx로 공원의 전반 조명 조도기준 10lx와 비교하여 월등히 높은 조도수준을 유지하고 있으나 가로등을 넘어선 산책로는 휘도 0.05cd/m²로 빛이 거의 없다. 이는 빛을 통해 공원 이용자가 가고자 하는 방향성을 제시하지 않고 있어 동선을 유도하는 산책로 조명 방법으로 적절치 않다.

반면 서울숲공원 산책로는 전반조명이 10lx 이하로 선유도공원에 비해 조도가 낮은 수준으로 측정되나, 이용자가 가고자 하는 방향의 수직면 휘도가 15cd/m²로 밝게 비추고 있어 공간의 접근성과 연속성을 지원하고 있다. 외부공간에서 이용자가 특정 작업 목적이 아닌 보행을 위한 공간의 경우 현재 이용자가 위치해 있는 곳의 조도분포보다는 이용자가 이동하고자 하는 방향 혹은 목적 지점들이 될 수 있는 곳의 수직면 휘도로 이동성을 지원하는 것이 적절하다.

이용자는 휘도분포의 대비와 조화에 의해 공간의 규모와 활동 범위를 결정하게 된다. 야간 도시공원은 조명설치 특성상 수평적 조도분포 요소가 지배적이기 때문에 조명된 수직적 요소들의 변화가 크게 지각된다. 이러한 밝혀진 요소들은 심리적 공간 규모를 부여하여 행위 가치를 판단하는 주요 요인이 된다. 국내의 경우 도시공원 배광에 대한 기준은 조도분포로 정해져 있다. 이를 통해 조도분포와 함께 휘도분포

<표 3-5> 휘도분포 측정 결과와 광원에 따른 조도분포

서울숲공원	선유도공원
휘도 : 15cd/m² 조도 : E_H : 6~8lx, E_V : 2~4lx	휘도 : 0.05cd/m² 조도 : E_H : 20~70lx, E_V : 1~40lx

서울숲공원 메탈할라이드 250W	서울숲공원 나트륨램프 250W	선유도공원 LED조명 90W
가로등으로 1m 또는 5m 위치에서 측정된 조도(바닥면 1.5m)		
1m : E_H : 15~16lx 5m : E_H : 1lx	1m : E_H : 6lx 5m : E_H : 2lx	1m : E_H 60lx 5m : E_H 1.5lx

에 대한 고려가 공간 특성과 이용자의 이용성 증진을 위해 필수 조건이 될 필요성이 있다.

서울 대표 공원의 현재 모습

서울 대표 공원의 현재 모습을 파악하기 위해 해당 공원 이용자를 대상으로 빛환경에 대한 광물리량 조사, 설문조사, 관찰조사를 진행하였다. 국내 5개의 대표 공원에 대한 이용자 설문 및 행태관찰조사를 위해 먼저 도시공원 조명환경에 대한 전문가 집단 60명을 대상으로 설문조사 항목을 다음과 같이 추출하여 그 내용을 바탕으로 공원 이용에 대한 설문을 진행하였다. 또한 주간과 야간 이용자를 대상으로 현지에서 설문을 진행하였다. 이용자들을 연령대별, 공원 방문 빈도별, 성별 등에 따라 그 내용을 구분하여 분석을 실시하였다.[iii]

전문가 60인 의견조사를 통해 추출한 도시공원 조명디자인 주요 항목

공원 전체의 조화로운 밝기분포	조화성
공원 경관디자인과 통합된 경관조명 설계	
지역성을 표현한 특화된 디자인 및 정체성 구현	정체성
지역의 랜드마크와 같은 상징적 역할	
빛을 통한 조형미 창출	심미성
다양한 공원 등의 특화 디자인 및 형태적 통일성	
흥미를 높이는 다양한 조명연출의 콘텐츠	연출성
이용자의 이용 빈도에 따른 밝고 어두움의 차이 확보	위계성
균제도 확보와 같은 고른 밝기	연속성
다른 이용자 및 공간 정보 식별을 위한 조명환경	접근성
공간의 특성을 명확히 하는 조명연출	공간성
KS 산업규격 조도기준에 따른 밝기 확보	지원성, 안전성
광공해 및 눈부심 없는 시환경	지원성
이용자들의 다양한 행태 지원을 위한 조명환경 연출	
야간 이용의 불편함이 없는 충분한 밝기	
자연과 공생을 위한 최소화된 빛연출	
안전감과 보안성	안전성
가로등의 다양한 기능으로 일체화된 디자인	효율성
에너지 절감과 광원 효율성	
유지 보수의 편의성	

---

iii) 설문과 분석에 대한 보다 구체적인 내용은 「도시공원의 야간경관디자인 이용후 평가」에서 확인할 수 있다.

① 서울숲공원

서울숲공원은 국내에서 공원 가치에 대한 인식 수준이 높아진 이후인 2005년에 준공된 곳이다. 2000년 이전에 준공된 공원들과 비교하여 다양한 경관적 시도와 계획들이 있고 공간적 이해를 바탕으로 한 조명계획이 이루어져 있다. 몇몇 빛을 이용한 조형물 외에 눈에 띄는 조명계획이 이루어지지 않았다고 생각될 수도 있으나, 도시공원의 공간구조를 빛의 위계와 연출로 공간적으로 표현하였다.

조도수준은 중심 산책로는 6~10lx이며, 사람들이 많이 모이는 곳은 10~20lx, 습지생태원과 같은 자연생태실험 및 체험공간은 빛을 제한하여 2lx 아래 수준으로 연출하여 전체적으로 밝기분포가 적절한 것으로 판단된다. 공기층에서 확산성이 탁월한 고압나트륨램프를 공원의 주요 가로등 광원으로 설치하여 원거리에서도 시야가 비교적 잘 확보되어 공원이 구조적으로 지각된다.

공간별로 메탈할라이드와 고압나트륨, 할로겐 등을 공간의 목적과 기능별로 구분 사용하여 공간의 영역들을 체계화하고 있다. 조명방법도 등주를 이용한 하향 조명, 반사판을 이용한 상향 조명, 확산형 조명 등 다양한 조명방식을 시도하고 있으나 조명기구의 노후화로 효과적이지 않은 것으로 판단된다.

서울숲공원의 야간 모습

〈표 3-6〉 서울숲공원 조명설치 및 광학적 물리량 분석

조명기구 배치도 및 조도분포

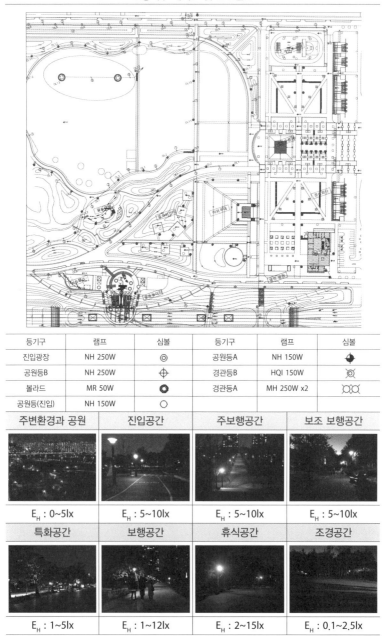

등기구	램프	심볼	등기구	램프	심볼
진입광장	NH 250W	◎	공원등A	NH 150W	◆
공원등B	NH 250W	✛	경관등B	HQI 150W	⊗
볼라드	MR 50W	⬤	경관등A	MH 250W x2	⋈
공원등(진입)	NH 150W	○			

주변환경과 공원	진입공간	주보행공간	보조 보행공간
E_H : 0~5lx	E_H : 5~10lx	E_H : 5~10lx	E_H : 5~10lx

특화공간	보행공간	휴식공간	조경공간
E_H : 1~5lx	E_H : 1~12lx	E_H : 2~15lx	E_H : 0.1~2.5lx

이용자의 공원 활용 모습에 대해 관찰과 설문조사를 진행해 본 결과 서울숲공원은 휴식, 산책 및 운동과 같은 행태지원성은 높은 수준으로 평가되었다. 서울숲공원은 보라매공원과 같이 이용자들이 일률적인 동선으로 움직이는 모습은 눈에 띄지 않고 공원에서 여유 있게 밤 시간을 즐기려는 사람들이 많이 보였다. 서울의 대표공원으로 인식되는 서울숲공원은 휴식, 산책, 운동, 경치 감상 등 공원 이용 목적이 다양하였다. 공원 이용 형태를 보면 다른 공원에 비해 긴 시간을 이용하는 사람들이 많으며 첫 방문자와 정기적 방문자의 분포가 고르고 가족 단위의 이용객이 많은 편이었다. 이용 패턴에 대한 설문조사를 진행해 본 결과 첫 방문자보다 정기적으로 이용하는 사람의 평가가 긍정적이었다.

또한 이용자들의 설문 답변의 편차가 크지 않고 대체로 비슷한 생각을 지니고 있다는 것을 알 수 있었다. 관찰을 통해 야간에는 빛을 중심으로 사람들의 유동인구가 분포되어 있다는 것을 알 수 있었다. 사람들이 주간에는 공원 곳곳에 분포되어 있는 것과 달리, 야간에는 빛이 밝혀진 보행로를 중심으로 이용자가 분포되어 있었다. 관찰조사 결과를 통해 야간에는 빛에 의해 행태패턴이 형성되고 체계화될 수 있다는 것을 알 수 있다.

② 선유도공원

한강에 위치한 선유도공원은 섬 둘레에 조명을 설치하여 물에 비친 빛깔들로 공원의 심미적 연출성을 높이고 있다. 공원 진입 브릿지에 스텝라이트steplight를 설치하여 보행공간을 입체적으로 표현하고, 한강을 조망할 수 있는 전망데크에 투광기floodlight를 설치하여 넓은 배광으로 개방감 있게 연출하는 등 진입부에 다채로운 공간을 표현하고자 하였다. 그러나 산책로와 테마 공간들은 공간적 특성을 고려하지 않고 기존 가로등에 일률적 LED 변경 시공으로[iv] 부분적 과도한 밝음과 어두움의 사각지대 대비로 시각적 불편함과 심리적 불안감을 유발하고 있다.

그러나 일반 이용자들의 평가는 대단히 우호적이었다. 주변 도시공간과의 조화성 및 주간과 차별화된 아름다움에 대하여 높게 평가하며, 정체성을 구축하고 지역성을 반영한다고 생각하고 있었다. 야간의 선유도공원 정체성은 주간보다 월등히 높게 평가되고 있음을 알 수 있다. 이 결과는 선유도가 한강 위에 위치하여 다양한 곳에서 조망이 가능하며 섬 둘레에 설치된 조명이 빛의 시각적 질서감을 형성시키고 이것이 강물에 반사되어 더욱 강한 심미적 현상들을 이용자들에게 인식시킨 결과라 판단된다.

방문 현황을 보면 이 공원에 첫 방문이거나 연 1~2회 방문 비율이 서울숲공원과 함께 가장 높았다. 이 두 공원은 서울의 대표적 공원 이미지가 강하여 원거리 시민들이 적극적으로 방문하는 것으로 보인다. 이는 서울시 홈페이지 검색 상위 공원에 두 곳이 해당되는 점을 통해서도 알 수 있다.

선유도공원의 정기적 이용자 비율이 상대적으로 낮은 이유는 주거밀집지와 다소 거리가 있으며 한강 주변의 지리적 특징과 함께 주변에 여의도공원과 한강공원과 같은 대규모 공원이 함께 있기 때문이다. 이와 같이 경관적 특수성과 조성 배경에 대한 스토리와 공원 운영 콘텐츠가 있는 공원의 경우 원거리 거주자의 집객에 효과적이며 운동 목적의 비율이 현저히 낮아진다.

---

iv) 기존에 고압나트륨이나 메탈할라이드의 광원이 부착된 가로등 등주에 LED헤드만 무분별하게 변경하여 시공하였다. 이는 광원별 광질의 특수성을 고려하지 않고, 빛과 공간과의 관계성에 대한 이해가 부족한 결과로 판단된다.

〈표 3-7〉 선유도공원 조명설치 및 광학적 물리량 분석

조명기구 배치도 및 조도분포

기호	번호	내용	명칭	수량		기호	번호	내용	명칭	수량
	EX-10	CFL 13W	BEACON	15			EX-01	PAR30 75W	지중등	24
	EX-11	CFL 13W x1	아나감램프	10			EX-02	PAR36 150W	지중등	14
	EX-12	CFL 13W x1	계단등	13			EX-03	PAR30 100W	지중등	121
	EX-13	CFL 18W X 1	벽등	8			EX-04	PAR36 150W	수목등	69
	EX-14	AR111 X 100W	수목등	3			EX-05	HPS 150W x1	보행등	75
	EX-15	MH 100W x1	지중등	5			EX-07	CFL 13W	펜던트	35
	EX-16	HALOGEN 50W	지중등	35			EX-08	벌전구 60W	스포트등	16
							EX-09	CFL 13W	BEACON	32

주변환경과 공원	진입공간	주보행공간	보조 보행공간
E_H : 30~40lx	E_H : 5lx	E_H : 0.1~40lx	E_H : 0.1~50lx
특화공간	보행공간	휴식공간	조경공간
E_H : 0.9lx	E_H : 0.1~40lx	E_H : 0.1~40lx	E_H : 0.1~2lx

선유도공원 야간 모습

또 흥미로운 점은 선유도공원은 첫 방문자들의 공원 이용 전에는 매우 높게 평가되었으나 공원을 이용한 후에는 그 호감도가 낮아졌다. 이는 선유도에 접근하여 바라본 선유도 경관과 진입부만의 특화된 디자인으로 선평가 수준이 높게 나타났지만, 공간에 대한 세심한 고려 없이 기존 등주에 고효율 광원만 교체한 특화공간들이 이용자가 활동하는 데 다양한 문제들을 야기하고 있기 때문에 사용 후에는 그 평가 수준이 낮아지는 것으로 판단된다.

③ 서서울호수공원

경관조명에 대한 인식이 많이 높아진 이후인 2009년에 개원한 서서울호수공원은 사람들과 식생에 미치는 빛공해를 최소화하기 위해 전체적 조도수준을 낮추고 간접조명 방식과 더불어 다양한 조명방법들을 시도하고 있다. 전체적으로 광원의 색온도를 3000K로 연출하고 주보행로 및 화장실과 관리센터와 같이 기능성이 높은 공간은 색온도를 4000K 수준으로 유지하고 있다.

서서울호수공원의 조명계획은 공원의 빛 자체가 아닌 공원의 다양한 밝혀진 공간들을 보여주고 있다. 공원은 전체적으로 낮은 조도수준이지만 공간 기능에 따라 적절한 밝기분포로 연출되어 어두움 때문에 불편감이나 불안감은 적은 것으로 판단된다.

서서울호수공원은 조도 중심의 계획보다는 공원 내 구조물을 이용한 휘도 중심의 계획이 이루어져 있다. 낮은 조도수준으로 사람들이 밤의 여가를 즐길 수 있도록 6lx 수준으로 움직임이나 주변 대상을 파악할 수 있도록 설계되어 있었다. 진입로 부근의 낮은 조도수준을 제외한 전반적인 경관조명계획이 공원의 특성에 맞게 적절하게 계획된 것으로 판단된다. 각 광원의 효율성보다는 공간의 면들과 구조들을 밝혀 공간을 표현한 것이 서서울호수공원 야간경관의 특징이라고 할 수 있다.

서서울호수공원의 경우 이용자들의 전체적 야간환경 평가는 높은 수준은 아니지만 정기 이용자의 만족도가 굉장히 높다. 이는 활용성에서

〈표 3-8〉 서서울호수공원 조명설치 및 광학적 물리량 분석

조명기구 배치도 및 조도분포		

심불	품명	규격
●	반사판 가로등	CMH-T 150W*2
⚓	반사판 파이프 가로등	CMH-R 100W*1
🔦	스폿 라이트	CMH-T 70W*1
✛	잔디등	EL 15W*1
⬛	사각 볼라드	FPL 26W*1, HAL 12V 50*1
○	지중등	CMH-T 70W*1
▮	벽 매입등	FPL 10W*1
☼	벽등	HALOLUX BT 100W*1
■	난간대 LED	LED 15W*2, 21W*2, 24W*2,
▭	방진 방습등	T5 28W*1
●	LED 지중등	LED 1W*18
⚲	문주등	EL 55W*1
✦	원형 LED	LED 1W*6
▦	사각 LED	LED 1W*6
✕	투광기	MH 1/150W

주변환경과 공원	진입공간	주보행공간	보조 보행공간
E_H : 5lx 이하	E_H : 1lx 이하	E_H : 3~25lx	E_H : 6lx
특화공간	보행공간	휴식공간	조경공간
E_H : 6~10lx	E_H : 6~20lx	E_H : 6lx 이하	E_H : 2lx

서서울호수공원 야간 모습

이용자들의 다양한 요구수준을 잘 충족시킨 결과라 하겠다. 서서울호수공원은 가족끼리 이용하는 비율이 가장 높았으며 혼자 이용하는 비율이 가장 낮았다. 정기적 방문 빈도도 다른 공원에 비해 높은 수준임을 알 수 있었다. 운동과 산책, 휴식, 만남을 목적으로 이용하는 경우가 많았다.

서서울호수공원의 경우 관찰평가에서 공원에서 다양한 운동을 즐기거나, 사람들이 모여 담소를 나누거나 취식을 하는 장면들이 유독 많이 보였다. 다양한 연령층과 여러 구성원이 조화롭게 이용하는 모습을 볼 수 있어 교류성과 사회성이 높다는 것을 알 수 있었다. 보라매공원의 원형 산책로와 마찬가지로 서서울공원의 원형 산책로에서는 사람들의 속도감 있는 운동 모습이 인상적이었다. 그 이유는 4000K의 색온도, 10~50lx 조도수준의 직접조명 방식의 조명 상황과 순환형 산책로의 공간 형태는 역동적 운동성을 지원하는 곳으로 판단된다. 특히 지면을 비추는 직접조명 방식이 운동의 행태지원성을 높이는 이유는 바닥면 균제도를 확보하여 시각적 왜곡이 없기 때문이다. 즉 바닥면의 페이빙 상태를 정확히 볼 수 있어 빠른 속도에도 안전감을 확보할 수 있다.

서서울호수공원이 다른 공원에 비해서 다양한 연령층이 자유롭게 다양한 행위들을 하는 것을 보면 우선 가족 단위 이용객이 많고 조명환경이 과하지 않으며 전반조도가 6lx 수준으로 고르게 분포되어 있어 이용자들이 절대적 밝기의 조명환경보다 지각적으로 더 밝게 인지되는 것으로 보인다. 이는 고른 조도분포와 공원 내 각 공간 영역들의 구조적인 입면들에 조화로운 휘도분포로 인한 공간적 안락감 때문인 것으로 사료된다. 서서울호수공원의 경우 사용 전 첫 방문자에 비해 이미 공원을 충분히 이용한 정기적 방문자의 평가 정도가 큰 폭으로 높아 차이가 큰 것이 특징적이다.

관찰조사에서 많은 이용자들은 밝은 곳 아래서 산책을 하거나 휴식을 취하기보다 밝은 곳을 바라보며 이동을 하거나 밝은 곳 옆에서 휴식을 취하는 것을 선호한다는 것을 알 수 있었다. 외부공간에서 자신이 위치한 영역의 조도보다 이용자가 바라보는 휘도 배치가 이용자 행태지원성을 높이는 것을 재확인할 수 있었다.

④ 북서울꿈의숲공원

산새의 지형적 아름다움을 가진 북서울꿈의숲공원 야간경관은 자연과 공생을 위한 조명계획을 시도한 것으로 판단된다. 주보행공간과 산책로들은 바닥면의 조도수준이 낮아 불편함이 있으며, 이를 보완하기 위해 파란색 LED유도등을 설치하여 보행을 지원하고 있었다. 공원 내부에 위치한 창녕 위궁재사의 전통건축물이 조명을 통해 공원 내 먼 거리에서 인지되는 점과 전통가옥 주변에 볼라드Bollar를 설치하여 그 주목성을 높인 부분이 인상적이었다.

그러나 연못 주변에 과도한 고휘도 LED를 설치한 것은 시선을 분산시켜 조화로운 야간경관을 형성하지 못하고 있다. 더불어 설치된 지중등이 불이 켜지지 않는 경우가 많아 유지 보수를 고려하지 않는 조명계획을 한 경향이 있었다. 주간에 볼 수 있는 산의 지형적 아름다움이 야간에는 잘 드러나지 않아 주간 대비 야간의 심미성이 약화된 것으로 평가된다.

산을 공원으로 조성하여 식생의 생장에 빛 공해를 최소화하기 위해 조도수준을 높이기보다는 동선유도용 LED조명 패턴을 사용하였다. 그러나 경사진 산책로에서 바닥 패턴조명과 같은 동선 유도용 조명은 사람들의 움직임에 방향성은 제시하나 걷기 힘든 경사로의 경우 시각적 쾌적감이 높은 밝기 수준의 조명방법을 택하여 이동의 편의성을 높이는 것이 적절한 것으로 판단된다. 또한 주간과 야간을 비교하였을 때

조명기구 배치도 및 조도분포

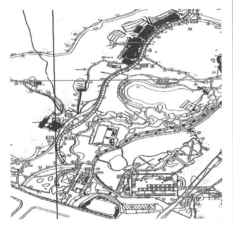

등기구 목록
공원등주(공원등수)
계 : 397(403)
목재 : 397(403)

주변환경과 공원	진입공간	주보행공간	보조 보행공간
-	E_H : 6lx	E_H : 6~15lx	E_H : 6~15lx
특화공간	보행공간	휴식공간	조경공간
E_H : 2lx	E_H : 10~30lx	E_H : 2lx	E_H : 2lx 이하

북서울꿈의숲공원 야간 모습

야간보다 주간에 대한 만족도가 높았으나 산책과 운동에 대한 지원성은 야간이 더 높다.

 설문조사 결과 북서울꿈의숲공원은 선유도공원 다음으로 사람들의 이용 시간이 짧으며 친구와 이용하는 비율이 높았다. 이용 빈도는 처음 이용하거나 정기적으로 이용하는 정도가 고르며 산책과 운동의 비율이 높았다. 사례연구로 제시한 6개 공원 중 야간 도시공원조명환경 설계에서 '자연식생을 고려한 어두운 조명'을 선택한 비율이 가장 낮았다.

 이는 현재 산 지형을 고려한 조명계획으로 자연식생을 위한 빛 공해 방지를 위해 계획된 낮은 수준의 밝기가 불편하다고 생각해온 것으로 판단된다. 지역의 정체성에 대한 평가는 가장 낮은 수준이었으며 주간과는 차별화된 아름다움에서 다른 공원들과 비슷한 수준으로 높게 평가되고 있었다. 사례 대상 중 최근에 개원한 공원임에도 연출성에서 가장 낮게 평가되고 있었다. 특색 있는 디자인은 가장 낮게, 과도한 디자인의 불편감은 가장 높게 평가되었다. 이는 조명계획에 대한 다양한 시도는 있으나 북서울꿈의숲공원의 공간적 표현이 적절히 되지 않은 결과라 할 수 있다. 산책로와 녹지공간의 밝기의 조화는 높게 평가되었으며 이는 산책로의 조도수준이 높지 않아 녹지공간 조도수준과 큰 차이가 없기 때문으로 판단된다. 야간 환경의 쾌적성 및 만족감에서 첫 방문객의 이용 전보다 정기적 사용자들이 더욱 낮은 수준으로 평가하였으며, 특히 안전감에서 낮은 수준으로 평가하고 있다.

 이 공원 평가의 특징적인 부분은 정기적으로 공원을 이용하는 사람들의 평가수준이 첫 방문자의 이용 전보다 낮아진다는 점이다. 잘 계획된 야간경관은 이용할수록 심미적 만족감이 높아 정서적인 쾌적감을 준다. 앞서 밝혔듯 정기적 이용자의 만족도가 높을수록 그 공원의 세부적인 공간까지도 잘 계획된 것이라 판단된다. 세심한 조명계획으로 이용자들이 자연스럽게 공원 이곳저곳을 향유할 수 있는 정서적 지원성이 높은 조명계획이 수반된다면 주간 대비 심미성과 활동성이 보다 강화된 야간 공원이 연출될 것이다.

⑤ 여의도공원

1990년대에 개원한 여의도공원은 여의도 고층 업무 공간들 사이에 위치하여 주변 근무자들이 주로 휴식 및 운동, 통행을 위한 장소로 활용한다. 주변의 첨단 도시 이미지에 비해 어둡고 낙후되어 통행과 운동 외에 그 이용성이 높지 않다. 주로 가로등 중심으로 설계되어 있으며 도심지 중심에 위치함에도 불구하고 대부분 0~3lx 사이로 측정되었다.

또한 자연생태의 숲, 문화의 마당, 잔디마당, 한국 전통의 숲으로 구분하여 공간이 계획되어 있으나 연출을 위한 조명을 찾아볼 수 없고 어두움에 불안감과 불편함을 느낄 수 있었다. 서울시의 대표적 중심 업무공간인 여의도에 위치한 여의도공원의 야간 모습은 그 활용성과 공간적 이해가 전혀 고려되지 않고 최소 조도기준에도 미치지 못하는 것으로 판단된다.

여의도공원은 주변 지리적 특성으로 인해 가족보다는 친구나 연인이 함께 이용하는 비율이 높고 휴식과 운동을 위해 이곳을 찾는 방문객이 주를 이루었다. 방문객들은 안전과 휴식공간, 편리한 시설을 중요하게 생각하고 있다. 여의도공원의 야간경관에 대한 평가는 6개 공원 중 모두 가장 낮은 수준으로 평가되고 있으며, 야간 공원의 전체적 평가라 할 수 있는 정서적 지원성의 쾌적감이나 편안감에서도 낮게 평가되고 있다.

그러나 특징적인 점은 주간과 야간의 비교 평가 정도를 보면 다른 공원에 비해 야간에 대한 만족도가 높다는 것이다. 타 공원의 경우 대체적으로 주간의 만족도가 높고 운동에 대한 지원성 정도만 야간의 만족도가 높거나, 공원의 특성에 따라 한 개 정도의 항목만 더 높았다. 여

〈표 3-10〉 여의도공원 조명설치 및 광학적 분석 조사

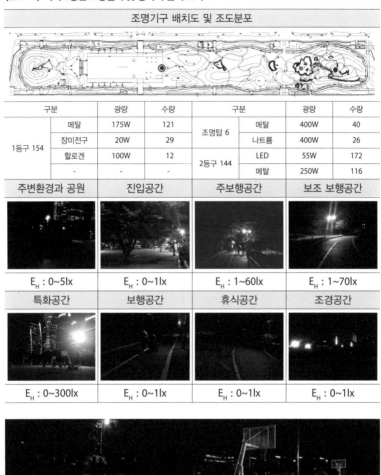

조명기구 배치도 및 조도분포							
구분		광량	수량	구분		광량	수량
1등구 154	메탈	175W	121	조명탑 6	메탈	400W	40
	장미전구	20W	29		나트륨	400W	26
	할로겐	100W	12	2등구 144	LED	55W	172
	-	-	-		메탈	250W	116
주변환경과 공원		진입공간		주보행공간		보조 보행공간	
$E_H : 0~5lx$		$E_H : 0~1lx$		$E_H : 1~60lx$		$E_H : 1~70lx$	
특화공간		보행공간		휴식공간		조경공간	
$E_H : 0~300lx$		$E_H : 0~1lx$		$E_H : 0~1lx$		$E_H : 0~1lx$	

여의도공원의 야간 모습

의도공원의 경우 주변의 오피스빌딩과 도로 중앙에 좁고 긴 형태의 공원이 형성되어 주간의 회색 건축물 대신 야간의 고층빌딩들의 경관조명에 의한 효과로 야간경관에 대한 만족도가 높은 것으로 판단된다. 즉 공원 자체의 경관조명이 잘 연출되었기 때문이라기보다 주변 고층건물들의 야간경관이 공원에서 함께 인지되기 때문이다.

⑥ 보라매공원

보라매공원의 조명환경은 고압나트륨램프와 메탈할라이드램프, 그리고 LED를 주로 사용한 가로등을 중심으로 공원 등이 연출되어 있다. 여기에 하루에 일정 시간 음악분수에 RGB의 색을 이용한 조명이 연출하는 특화공간으로 구성되어 있다. 보라매공원은 약 30여 년 전에 개원하여 그동안 부분적으로 조명이 교체되는 공사들을 진행해 왔으나 4~5m의 폴을 이용한 확산형 가로등을 주로 사용하고 있었다. 공원의 조명환경은 나트륨등을 사용하는 몇몇과 주요 가로공간을 제외한 KS 조도기준에 못 미치는 5lx 이하가 대부분이었고, 주요 가로는 15~30lx로 KS 조도범위로 측정되었다.

1980년대에 개원하여 공원의 경관에는 디자인적 계획 요소가 엿보이지는 않았으나 넓은 운동장과 수공간을 중심으로 사람들의 이동 패턴이 뚜렷한 점이 인상적이었으며 이를 반영하듯 다른 공원에 비해 다양한 연령층의 주변 거주자들이 비슷한 동선으로 운동을 하거나, 분수를 보기 위해 가족과 연인들이 여가를 즐기고 있었다. 조명계획에 있어서 디자인 요소가 가미된 곳은 최근에 시공된 관리동 앞 주차장이 있고 그 외의 곳은 일정한 간격으로 최소 조도 확보를 위한 가로등이 대부분이었다.

설문조사를 통해 살펴본 이용자들의 보라매공원 야간경관에 대한 평가는 매우 우수하다. 보라매공원은 수목들이 있는 공간과 휴게공간은 조도가 1lx 아래로 낮지만 보행로와 특화된 공간들은 조도수준이 30~70lx까지 일반 공원에 비해 매우 밝은 수준이다. 사람들이 주로 이용하는 보행로의 조명환경은 균형 있는 조도분포를 유지하고 있

〈표 3-11〉 보라매공원 조명설치 및 광학적 분석 조사

조명기구 배치도 및 조도분포				
	2등구 144	LED	55W	172
		메탈	250W	116
	1등구 154	메탈	175W	121
		장미 전구	20W	29
		할로겐	100W	12
	조명탑 6	메탈	400W	40
		나트륨	400W	26

주변환경과 공원	진입공간	주보행공간	보조 보행공간
E_H : 0~5lx	차로 E_H : 15~30lx 보행로 E_H : 1~10lx	E_H : 70~50lx	E_H : 40~3lx
특화공간	보행공간	휴식공간	조경공간
E_H : 1~4lx	E_H : 8~12lx	E_H : 1~3lx	E_H : 0~1lx

었다. 조화성, 정체성, 심미성 부분을 제외한 다른 항목들은 매우 높은 평가를 받고 있으나 특색 있는 조명디자인의 흥미에 관한 연출성에서 는 가장 낮은 수준의 평가를 받고 있다.

보라매공원의 이용 패턴은 크게 두 가지로 볼 수 있다. 중앙 잔디광장

을 중심으로 원형 산책로를 이용하여 운동하는 사람들과 주요 산책로를 이용하여 산책을 하거나 호수의 음악분수 관람을 하는 사람들로 나눌 수 있다. 공간의 행태 지원성에서 높은 평가를 받은 보라매공원은 정서적 지원성에서는 그 정도의 평가를 받지는 못한 것으로 보아 보라매공원과 같이 나트륨램프로 밝게 조명된 공원은 활동성에는 도움이 크나 심미적 만족감 측면에서 그 평가가 높지는 않다는 것을 알 수 있다.

앞서 여섯 곳의 공원 조사를 통해 다음과 같은 내용들을 파악할 수 있었다.

국내 도시공원 조명환경 분석의 시사점

① 조화로운 조도분포와 이용자 만족도의 상관성

분석 대상 공원 중 전반조도 수준이 가장 낮은 여의도공원과 가장 높은 보라매공원은 상반된 결과를 보여주고 있다. 여의도공원은 산책로와 운동공간 및 특정 몇몇 곳을 제외한 대부분이 2lx 미만으로 어두움으로 인한 불편감이 있으며 전반적인 이용성 평가에 대해서도 가장 낮은 평가를 받고 있다. 보라매공원은 휴식공간 및 조경공간 외에 중심 산책로가 20~40lx로 전체적으로 매우 밝은 수준이며 확산성이 좋은 나트륨램프가 주조명으로 사용되어 더욱 밝게 인지되고 있다.

사람들의 주요 이동 동선이 있는 곳들은 빛분포가 연속적으로 이루어져 밝고 어두움의 차이에 의한 불편감이 없어 이용 만족도가 높게 평가되고 있다. 이를 통해 이용자들은 현재 KS 조도기준인 공원 6~30lx보다는 더 높은 조도수준에서 만족도가 높음을 알 수 있었다. 그러나 주목할 점은 보라매공원은 이용행태 측면에서 높은 평가를 받고 있으나 만족감에서는 그 정도로 평가 받지 못한 것으로 보아, 보라매공원과

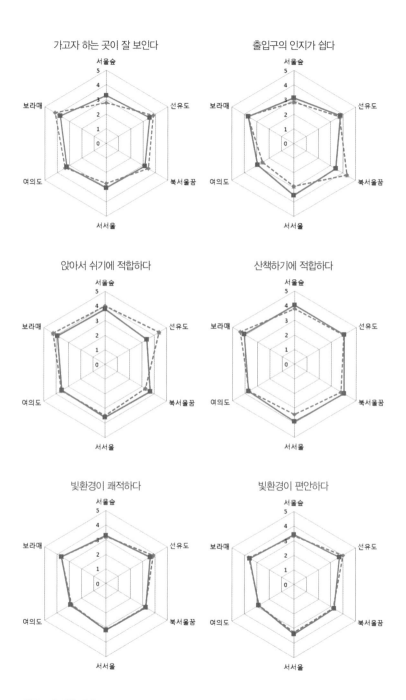

설문조사 답변 사례

같이 전체적으로 밝게 조명된 공원은 활동성에는 도움이 크나 심미적 만족감 측면에서 그 평가 정도가 높지 않다는 것을 알 수 있다.

이를 통해 빛의 행태적 지원성과 정서적 지원성의 관계가 항상 일치하지는 않다는 것을 알 수 있다. 그러나 전반 조도가 6lx 정도로 유지되는 서서울호수공원의 경우 다른 공원들에 비해 밝기수준이 높지 않으나 정기적 이용자의 만족도가 높이 평가되고 있다. 이를 통해 단순히 기준조도 확보와 같은 광학적 기기의 수치 수준보다 주변과의 조화로운 밝기수준으로 공간에 대한 식별성이 더 높아지고 시각적 편안함이 유지됨을 알 수 있다.

본 조사를 통해 도시공원의 조도수준이 높을수록 이용자의 이용성은 높이 평가되나 심미적 만족감은 그와 일치하지 않으며, 주변과의 조화로운 밝기분포로 계획된 조명환경은 높은 수준의 조도분포의 조명 없이도 충분히 시야 확보가 되어 정서적 만족도를 높이는 야간공원이 될 수 있는 점을 주목해야 할 필요가 있다.

② 조명환경 조건과 이용자 행태 지원성의 관계

야간의 이용자 행태는 조명환경에 의한 이용자의 인지와 정서 반응에 대한 표출 결과이며, 역으로 공간의 밝기분포와 배치를 통해 시지각의 재해석 과정에서 이용자의 인지와 정서를 정제시킬 수 있다. 야간의 공원은 연출된 밝고 어두움의 관계에 따라 공간을 재구성하며, 이용자들은 빛이 비치는 면들의 구성에 의해 공간의 특성을 인지하고 해석하기 쉬운 단서들을 통해 나아갈 방향을 판단한다. 도시공원의 야간경관은 이용자 움직임에 따라 다양한 영역 규모에서 연속적 경험으로 지각되며 어두움과 밝음의 관계성 속에서 공간적 질서를 구축하여 주변 요인들의 조합관계에 따라 그 의미가 확장되며 그곳 이용자의 다양한 행태를 지원한다.

주간과 야간 환경을 비교했을 때 대부분 항목에서 주간에 심미성이나 쾌적감, 활동성 등에 대한 만족도가 높았다. 그러나 운동 행태에 대한 지원성은 주간보다 야간 공원이 높게 평가되었다. 이러한 요인은 여러 가지가 있으나 운동 행태 지원성에서 조명환경의 측면은 야간에 본인 모습이 잘 보이지 않아 비교적 활동적 행위가 자유롭다는 심리가 바탕이 되고 있다고 판단된다. 조사결과 운동을 위한 조명환경은 15~30lx의 조도수준과 순환형 보행로와 같이 특정 공간형태에서 사람들의 운동성을 자극하는 것으로 판단된다. 또 야간 도시공원에서는 빛을 통해 주간의 경관을 재해석하여 또 다른 야간 풍광을 만들어 경관성을 강화하기도 한다.

선유도의 주·야간 정체성 및 심미성에 대한 설문조사를 통해, 야간 선유도공원은 어두움 가운데 비춰진 빛으로 다채로운 극적 경관을 연출하여 주간과 비교하여 개개인에게 더욱 강한 심적 경관 이미지를 창출하고 있다. 이러한 이유로 선유도공원은 다른 공원에 비해 연인들의 경치 감상이나 산책을 위한 장소로 많이 활용되고 있다.

공간의 휴식, 산책, 운동과 같은 행태 지원성에서 높은 평가를 받은 보라매공원은 조명환경의 전체적 만족도에서는 그 정도의 평가를 받지는 못했다. 보라매공원과 같이 낮은 색온도의 나트륨램프로 밝게 조명된 공원은 활동성에는 도움이 크나 심미적 만족감 측면에서는 긍정적으로 인지되지 않는 것으로 보인다. 보라매공원의 조명 조건에서 알 수 있듯, 특정 행태의 지원성이 높은 경우라 해도 그것이 공간에 대한 만족감과 반드시 일치하는 것은 아니다. 이렇듯 야간 도시공원에서는 특정 행태의 지원성을 증진하는 조명 조건이 있으며, 이는 이용자의 특정 행태를 유발하고 그 공원 야간의 특성을 형성하여 그곳의 새로운 장소성으로 보여진다.

③ 조명환경과 이용자 상황에 따른 평가반응 차이

먼저 도시공원 야간 조명환경에 대해 성별·연령대별 이용자 반응이 다른 것을 알 수 있었다. 성별 또는 연령대에 따른 차이를 보면 각 항목에서 여성에 비해 남성이 현재 도시공간 야간경관에 대하여 그 호불호가 크지 않고 여성들이 더 섬세하게 반응하고 있었다. 연령에 따라서는 유독 40대가 비판적으로 야간경관에 대해 평가하고 있으며 50대 이상은 어두움에 대해서 부정적이고 공간의 요소들을 비추는 디자인보다 보라매공원이나 서울숲처럼 확산성이 큰 조명으로 전체적으로 비추는 조명환경을 선호하고 있었다. 또한 흥미로운 점은 활동성 외에 전 영역에서 가장 높게 평가되었던 선유도공원에 대해 50대 이상에서는 선호도가 많이 낮은 것을 알 수 있다. 이처럼 이용자의 상황 및 신체적 조건에 따라 선호하는 조명환경이 다르다. 이에 앞으로 새로운 공원 조성 시 공원 이용자 연령층 및 성별 등의 분석과 구체적인 연구를 수반하여 이용자에 대한 야간 활용의 만족도를 높이는 것이 중요하다.

④ 이용 빈도 정도에 따른 평가반응의 의미

다음은 야간경관 계획 수준과 정기 이용자 평가반응의 상관성에 대한 내용이다. 대상 공원 중에서 선유도공원은 조화성, 정체성, 심미성 그리고 연출성에서 모두 높게 평가되고 있다. 이렇게 평가된 요인을 살펴보면 선유도공원은 한강에 위치한 섬으로, 섬 주변과 진입로에 질서 있는 회명이 연출되고 이러한 형상이 한강 수면에 비쳐 그 효과를 극대화하는 것이 크게 작용되었을 것이라 판단된다. 그러나 선유도의 경우 공원 이용 전과 비교하여 이용 후에 평가수준이 크게 낮아지고, 첫 방문자와 정기적 방문자의 평가수준에도 큰 차이가 있다. 이는 심미성을 위한 조명은 비교적 잘 되어 있으나 산책로 곳곳에 활동에 필요한 조명수준이 만족스럽지 못한 점이 원인으로 판단되며 이는 조명환경에 대한 광학기기 측정 및 육안평가에서도 알 수 있었다.

　반대로 이용 전과 이용 후를 비교하여 전반적으로 그 평가수준이 높아지는 공원은 서울숲공원과 서서울호수공원이 있다. 이렇게 이용 후에 그 평가가 높아지는 것은 공원 내부 구석구석이 비교적 잘 계획된 경우로 볼 수 있으며 이러한 공원의 섬세한 조명계획 수준은 정기적 이용자의 만족도를 통해 알 수 있었다. 특히 정기적 방문자의 평가가 높을수록 야간 도시공원 조명환경의 이용성에 적합한 것으로 판단된다. 잘 계획된 조명환경은 공원 이용자들이 자연스럽게 공원 이곳저곳을 향유할 수 있는 정서적 지원성을 높여 공간의 활용도를 높인다. 조명디자인 수준은 정기적 이용자들이 정확하게 판단하고 있으며, 그곳을 자주 이용하는 사람들의 공간 이용 만족감을 제고하는 방안이 무엇인지 그 방법을 찾는 것이 도시공원 야간경관디자인 방향이라 할 수 있다.

4 도시공원 조명디자인 방법론

1 도시공간 조명디자인의 접근

조명디자인 방법론에서 관점의 필요성

경관景觀이란 한자 풀이로 '볕을 본다'는 의미이다. 주간의 물리적 모습은 자연광을 통해, 야간의 모습은 인공광을 통해 빛과 공간, 그리고 관찰자와의 관계성에 의해 다양한 경관으로 지각된다. 즉, 경관은 주간과 야간 모두 빛에 의한 공간 효과를 우리가 보는 것이다. 그러나 야간의 경우 인공적 빛 사용으로 밝음과 어두움 효과를 통해 더욱 극적이고 다채로운 공간 연출이 가능하다.

도시경관은 도시공간의 물리적 형상들의 집적을 바라보는 관조의 관점이 아닌, 도시공간의 물리적 환경과 그곳에서 생활하는 사람들의 가치와 행태, 문화 등이 어우러져 도시가 변화되는 과정이다. 경관은 조망 단계에서 시각적 인식에 의해 파악되는 도시공간 구성에 대한 이용자의 심적 현상이며, 경관계획은 시각 중심적 관조에서 공감각적 참여로 인간과 환경의 관계에서 통합적 방식의 미적 경험을 설명하는 접근방법으로 이해되어야 한다.

공간 구성 요소들의 관계성과 관찰자에 따라 다양하게 지각되는 경관 접근방법에 대한 견해들을 살펴보자.

경관계획가 이규목은 「도시경관의 구성이론에 관한 시각적 고찰」 논문에서 도시경관을 물리적 배치, 시각적 구성, 장소 창조, 이미지 형성의 네 범주로 구분하여 바라보았다. 물리적 배치로서의 도시경관은 있는 그대로의 도시 입장을 취하며, 도시의 물리적 형태와 공간, 즉 균형, 비례, 율동 등 미적인 형식원리에 근거를 둔 접근법이며, 시각적 구성은 관찰자의 움직임에 따른 대상과 관찰자 사이의 상호관계에 초점을 둔다. 또한 도시 장소들의 집합으로 이해하고 도시경관은 창조적이어야 한다는 가정을 바탕으로 한 장소 창조 접근법은 장소에 독자성을 부여하고 도시의 내적 작용과 역사성까지 표현되어야 함을 역설한다. 마지막으로 이미지 형성은 물리적 대상의 특성을 강한 인상으로 이해될 수 있는 도시 이미지에 초점을 둔 것이다.[16]

경관연구가 엄문성은 도시경관의 접근방법을 지각적 접근과 인지적 접근, 전달 매체적 접근, 장소 창조적 접근의 네 가지로 구분하였다. 먼저, 지각적 접근은 전문가인 관찰 주체가 시각을 중심으로 분석하는 것으로 경관평가에 계량적 기법을 적용하였으나 물리적 대상만 분석한 것과 일반인 시각에서도 그러한 경관적 특징으로 읽히는지에 대한 문제를 제기하였다. 인지적 접근방법은 위에서 본 도시, 마음속에 그리는 도시의 형태에 대한 내용으로 케빈 린치[K. Lynch]가 도시 이미지 구성 요소로 5가지를 제안하고 그 요소들이 복합되어 도시 이미지를 창출함을 연구 사례로 제시하였다. 전달 매체적 접근은 대상물이나 형태가 주는 도시의 성격과 구조에 관심이 크며 도시경관은 도시 생활에 필요한 각종 정보가 전달되는 중요한 수단으로서 이해하고 있다. 장소 창조적 접근은 도시란 장소들의 집합이어야 하고, 도시경관은 장소 창조적이어야 하는 것을 전제로 한다. 앞의 두 접근 방법인 지각적 접근과 인지적 접근은 경관의 의미 파악보다는 도시의 물리적 실체들의 시각적 특성이나 이미지 구조에 관한 내용이다. 전달 매체적 접근 방법은 메시지의 전달이 관심사이다. 장소 창조적 접근은 전달된 환경의 의미가 무엇인가라는 존재 차원의 문제에 관심이 있고 그 존재의 본질로서 장소의 개념을 발전시켰다. 그러나 장소 창조적 접근은 체험을 통한 현상적 공간 이해에 대한 측면이므로 주관적 경관 평가 성격이 강하다는 것을 알 수 있다.[17]

앞의 견해들과 같이 도시공간의 경관적 이해는 그 도시의 물리적 공간 구성요소들의 관계성과 그로 인한 공간 이용자들의 운동성을 관찰자 또는 이용자가 미적 경험의 가치를 중심으로 도시공간을 바라보는 것이며, 이 같은 경관에 대한 다각적 해석 과정은 경관계획 시 다양한 접근 방향이 될 수 있다. 이같은 접근들은 경관에 대하여 보다 깊이 있는 이해와 수준 높은 계획 방법을 제시할 수 있다.

경관에 관한 연구에서 대상과 주체 간의 지각적 관계를 알아내기 위하여 환경심리학적 이론을 사용한다. 심리학은 기본적으로 자극과 반응을 통해서 심리적 법칙을 연구하는데, 환경심리학에 근거한 경관연구에서는 경관을 하나의 환경적 '자극'으로 간주하고, 경관을 바라보는 주체로서 인간의 미적 판단을 '반응'으로 생각하며 이들 사이의 인과관계를 설명하려고 한다. 미적 자극과 반응의 기본단계는 '지각 → 인지 → 태도 → 행위'로 진행되며, 하나의 자극을 감각을 통해 지각하고, 정신과 신체를 통해 느끼고 행동되는 것을 기본으로 경관 연구는 진행된다. 경관 연구에서는 경관의 심미적인 특성으로 인하여 미학적인 접근이 하나의 중심축이 되며, 경관 대상의 아름다움에 대한 측정과 평가, 이를 통한 경관 개선과 도시 이미지의 제고 등에 어떻게 활용될 것인지에 대한 내용이 가장 중요하다.

그러나 야간경관의 경우 도시조명의 역할과 중요성에도 불구하고 야간경관계획에 있어 디자인적 접근에 관한 연구는 국내에 거의 없는 실정이다. 도시공원과 같이 도시민들의 풍부한 야간활동을 제공할 수 있는 도시공간의 조명디자인에 대한 다각적 접근방법이 요구된다.

조명디자인의 네 가지 접근 방향

도시공원 야간경관디자인은 도시 경관적 측면, 공간 구조적 측면, 공간 지각적 측면, 이용 행태적 측면으로 구분하여 접근하고자 한다. 야간경관 디자인에 대한 분석은 야간 도시의 대상 공간을 빛과 공간과의 관계에 따른 이용자들의 행태반응에 대한 상호 관계성을 파악하는 과정이다. 그리고 경관조명디자인 방법론의 접근은 미적 경험 가치를 중심으로 조망을 통해 객관적·평가적 입장을 취하거나 지각자가 스스로 환경의 한 부분이 되어 주변 환경에 대해 총체적·체험적 입장을 취하기도 한다.

우선 도시 경관적 측면과 공간 구조적 측면, 공간 지각적 측면은 야간 도시공원의 빛을 통해 물리적 실체를 구체화하여 지각 및 인지하는 과정이다. 이용 행태적 측면은 그에 대한 공간의 해석 및 이해 결과로 이용자가 행위 과정을 통해 반응하는 것이다. 즉, 도시 경관적 측면은 어떤 시점의 이용자가 도시공원을 구성하는 요소들의 관계성을 2차원의 경관적 특징으로 읽는 과정이다. 공간 구조적 측면은 이용자의 움직임에 따라 도시공원 구성 요소들의 관계를 구조적으로 지각하여 해석하는 과정으로 파악할 수 있다. 공간 지각적 측면은 다양한 시점의 이용자가 빛의 현상적 효과에 의해 공간들을 새로운 공간으로 지각하는 것이다. 이는 어두움으로 인한 평면적 공간이 현상적 빛 효과를 통하여 입체적 공간질서가 형성되고, 이것을 공간적 특성으로 인지 및 의미를 부여하는 과정이다.

판 피어 공원(Fan Pier Park)
미국 보스턴에 위치한 수변공원으로, 다양한 공간 규모에서 경관 구성 요소들의 상호관계를 밝기
관계로 구조화하여 새로운 야간경관을 형성하였다.

마지막으로 이용 행태적 측면은 이와 같이 빛에 의한 지각과정과 인
지과정의 도식화를 통해 다양한 행동 가능성 모색에 의한 이용자의 다
양한 행태로 표출되어 그곳의 운동성을 창출하고 야간 도시공원의 장
소적 특성이 규정된다는 관점이다. 도시공원 야간경관디자인은 그 공
간구조가 갖는 행동적 가능성을 염두에 두고 빛을 통해 행동장치를 계
획하는 것이다.

도시 경관적 측면과 공간 구조적 측면은 조망을 통한 객관화된 평가
자의 입장이라면, 공간 지각적 측면과 이용자 행태적 측면은 이용자가
대상 공간에 투입되어 체험하며 평가 반응하는 입장이다. 공간 구조적
측면과 공간 지각적 측면을 강조한 야간경관 계획은 이용자 행태에 영

향을 미치고, 이는 곧 하나의 도시 경관으로 읽히는 특징이 있다. 네 가지의 접근 방향은 서로 병렬적으로 구분되는 성격이 아닌, 서로 유기적인 인과적 통합성을 지닌 것으로 이해할 수 있다.

2 도시 경관적 측면

경관구성 요소들의 관계성과 시각 범위

도시공원의 경관은 공원의 지형, 녹지분포, 길의 형상, 건축 구조물 및 시설물 등 공원 내 다양한 공간 규모에서 경관 구성 요소들의 상호 관계로 형성된다. 야간에는 이러한 공원의 물리적 상황에 빛의 밝음과 어두움의 효과로 그 모습이 극대화된다.

경관 구성 요소들의 관계성이 그 공간의 특성, 역사적 풍토, 문화적 특징 등을 강화하고 표현하여 그곳의 정체성 및 장소성을 형성한다. 이같이 도시공원과 같은 도시경관은 이용자의 조망 위치[18]가 가장 주요한 경관 요소가 되며 이용자는 환경적 자극으로 공간의 형식과 형태를 1차적으로 지각하고, 그곳의 내용과 의미를 2차적으로 인지한다. 이 과정에서 이용자는 시지각 범위 내의 공간을 구성하는 모든 물체와 공간의 배치, 형태, 구성, 외관, 분위기 등의 형식미로 해석할 수 있으며[19] 시각적 및 공간적 구성의 심미성에 초점을 두어 공간을 구성하는 시각 요소 하나하나를 별개의 것으로 보지 않고 하나의 총체적 실체로서 이해하며 각 부분 사이의 관계성[20]으로 해석한다.

　대규모 도시공원을 물리적으로 형성하는 토목, 조경, 건축, 시설물 등의 부분들이 구현하는 공간은 다분히 3차원적이지만 공원 전체적인 규모를 상공에서 또는 어느 한 조망점에 서서 관찰하면 도시공원을 구성하는 평면적 면들이 물리적, 비물리적 겹들로 수직·수평적 차원의 여러 층layer으로 읽힌다.

　이 겹들은 공원계획가에 의해 의도적으로 만들어져 이용자에게 인식되기도 하고 이용자가 새롭게 공간을 해석하여 스스로 창조하기도 한다. 특히 야간에는 이렇게 이용자가 한 지점에서 공원을 바라보는 형상은 2차원의 경관 이미지로 지각되며, 이는 공원을 구성하는 면들의 층위로 서로 반응과 조화의 상호 관계성에 의해 빛으로 재조직되어 도시공간에서 도시공원의 문맥을 형성한다. 이 과정에서 전체적 통일성과 더불어 부분적 다양성을 표현하여 조망 위치에 따라 다양한 이미지로 지각되도록 하는 것이 중요하다.

　공원 경관조명의 대상 선정은 도시공간 빛 흐름의 전체적 맥락에서 조명 대상의 가치 순위를 작성하고 현장조사 등의 면밀한 분석과정에서 조망 위치·방향·거리·배경의 밝기 등 설계를 위한 모든 조건을 충분히 파악한 상태에서 계획을 세우는 것이 중요하다. 이러한 경관구성 요소들의 관계성과 이용자의 다양한 시점에 대한 깊이 있는 고려가 야간 도시공원 이용자들에게 다양한 심적 경관이미지를 갖게 한다.

고든 쿨렌G. Cullen에 따르면 장소에 대해서 '인간 스스로를 주위 환경에 관계 지으려는 본능적이고 지속적인 습성 때문에 우리의 위치 감각을 무시할 수는 없다. 이러한 감각이 환경디자인의 중요한 인자가 된다.'고 하였다. 도시공간은 체험자의 연속된 시각에 의해서 조형적으로 경험된다. 이와 같이 쿨렌은 시각적 측면에서는 시야의 연속성serial vision, 장소적 측면에서는 이곳과 저곳이라는 개념으로, 내용적 측면에서는 이것과 저것이라는 개념으로 구분하여 도시경관의 시각적 특성과 그 구성방법을 제시하여 도시설계 등에 응용하도록 하고 있다.

경관형성 과정으로서 야간경관 디자인

공간디자이너 권영걸에 따르면 공간은 사회적 산물인 동시에 사회적 과정이어서 사회와 공간은 현실적으로 분리될 수 없다.[21] 또한 권용우에 의하면 도시경관은 일차적으로 도시의 물리적 표현이 시각적으로 감지되나, 도시기능·사회구조와 관련시킬 때 비로소 다양한 실체에 접근할 수 있어 단순히 존재하는 것이 아니라 끊임없이 변화 형성되는 동적·과정적 개념으로 이해되어야 할 필요성이 있다.[22]

이렇듯 물리적 공간 개념과 더불어 인문 사회적 공간 의미를 통해 더욱 그곳의 실체를 명확히 한다. 이에 도시공원에서는 하루의 때, 계절의 변화와 더불어 다양한 삶을 체험하게 되며, 이를 통해 친숙함이나 흥미로움, 추억, 상징 등의 다양한 의미작용이 생겨난다. 공원 이용과정에서 발생된 의미작용에서 그곳의 장소성이 부여되어 공간과 이용자 사이의 상호관계가 형성되며 이는 그 공원의 특성으로 구체화된다.

도시공원의 바람직한 조명디자인은 그곳의 운동성을 바탕으로 이용자들의 이용성과 심미성에 기여하는 조명 조건을 찾아 적용하는 것이 중요하다. 이 과정에서 빛에 의해 공원 야간경관은 새롭게 정의되며 이용자들은 의미 있는 시각현상을 경험하게 한다. 특히 대규모 도시공원의 경우 빛패턴은 비교적 규칙적이며 단순하게 조성하되 각 구역에 개성을 부여하여 통일감과 다양성이 공존하는 공간의 빛을 찾는 것이 중요하다. 이때 고정된 야간 모습이 아닌, 공간 이미지 형성 과정에 이용자가 참여할 수 있도록 계획하는 것이 중요하다. 이와 유사한 견해로 김귀곤은 앞으로의 공원계획은 시민들의 공원 환경 창조과정에 참여할 수 있는 지적·물리적 환경 제공에 방향성을 두어야 한다고 강조하였다.[23]

이처럼 이용자의 다양한 요구 조건을 충족하고 이용자가 공간에 참여할 수 있는 조명환경을 구축하는 과정으로 도시공원 경관조명 디자인이 이해되어야 한다. 이와 같이 도시공원 경관조명은 빛을 통해 다양한 기능을 제공하고 조명연출을 통해 도시공원의 잠재적 형상을 유도하여야 한다.

총체적 통합 시각

도시공간에서 빛의 다양한 상황을 자연스럽게 연출하기 위해서는 조명디자이너가 도시 상공에서부터 착륙하여 도시 중심까지 이동하는 시나리오를 통해 도시의 빛을 정확히 계획할 수 있다.[24]

이러한 도시 상공에서부터 설계 대상공간까지 이용자의 움직임에 따른 시각변화 계획과 같은 총체적 통합 시각은 야간에 대상 공원과 주변 도시공간과 관계의 방향성을 빛을 통해 명확히 할 수 있다. 야간 도시공간의 경관 지각은 총체적인 과정으로 도시공간 조직을 구조적으로 해석하는 과정이며 이용자의 움직임에 의한 동적인 과정이다. 이러한 이용자 움직임에 의한 빛 스토리 전개는 도시의 운동성과 지역성을

하펜시티(Hafencity) 가로경관

야간 도시공간의 이용자 움직임에 의한 빛 스토리 전개는 도시의 운동성과 지역성을 바탕으로 다양한 공간 규모에서 구성요소들의 상호관련성을 빛을 통해 재구성하여 도시 문맥을 구축한다.

바탕으로 다양한 공간 규모에서 구성요소들의 상호관련성을 빛을 통해 재구성하여 도시 문맥을 구축한다.

이 과정에서 도시공원의 전체적 통일성과 부분적 다양성을 빛으로 형언하여 조망 위치에 따라 다양한 이미지로 지각되도록 하는 것이 중요하다. 이는 야간경관 마스터플랜에 의해 도시공원 경관조명의 방향을 제시하여 도시공원의 총체적 통합 이미지를 형성한다. 도시공원의 세부 공간들은 배광 또는 조도기준에 의해 계획되지만 그 이상의 것에 영향을 미치므로 전체적으로 통합화된 시각을 갖는 것이 중요하다.

아울러 미적 경험 가치를 중심으로 조망을 통해 객관적·평가적 입장을 취하는 도시 경관적 측면은 경관구성 요소들의 관계성과 다양한 이용자 시점, 경관형성 과정으로서 야간경관디자인 그리고 총체적 통합 시각의 세 가지로 구분하였으며, 이러한 관점의 디자인 접근 방법을 통해 조화성, 정체성, 심미성 그리고 연출성의 공간적 효과를 창출할 수 있다.

[3 공간 구조적 측면

수직·수평적 위계성

야간 외부공간은 대상공간의 빛분포에 따라 위계가 형성되어 공간구조를 구축한다. 이러한 공간 구조는 공간의 특징과 기능에 따라 빛을 통해 공간요소를 선정·분리·조직하여 시각적 위계를 형성하고 관계성을 명확히 한다. 이렇게 형성된 위계성은 야간 도시공원에서 빛과 공간과의 관계성을 통해 다양한 정보를 암시하고 소통하여 사회적 의미를 표현하는 공간을 창출한다.

이것은 빛 강도에 따라 공간 요소의 수직적 중요도를 나타내며 수직·수평적 차원으로 표현된다.[25] 이를 위한 디자인 표현방법은 공원 전체의 공간기능별 빛분포, 조명된 공간의 다양한 층위 창조, 공간의 규모에 따른 조명의 강도 및 분광형태, 빛과 인접 요소의 관계, 빛과 그림자 대비, 수직·수평면들의 휘도대비 등이다. 즉 빛을 통한 공간요소들의 관계 표현이며, 사람들은 공간에서 빛형상에 관해 시각적 밝기Visual lightness와 시각적 흥미Visual interest 차원으로 반응한다.[26] 시각적 밝기가 사

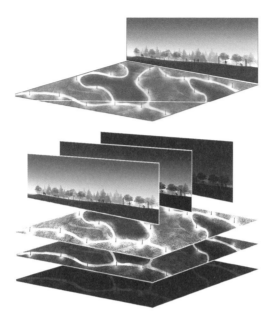

수직·수평적 위계차원으로 공간을 구조적으로 인지 가능하다. 공간 구조는 공간의 특징과 기능에 따라 빛을 통해 공간요소를 선정·분리·조직하여 시각적 위계를 형성하고 관계성을 명확히 한다.

람의 시야 확보를 위한 공간의 평면적 빛분포라면 시각적 흥미는 공간의 위계를 형성하는 입체적 빛분포로 해석될 수 있으며, 이러한 입체적 빛 표현은 공간에 대한 흥미와 관심을 끄는 주요 요인이 된다.

도시공원의 위계적 조명연출은 수직·수평적 차원으로 접근되어야 한다. 수직적 차원의 위계성은 주로 공원 내 구조물의 중요도 표현방법이며 수직적 빛분포를 통해 수직적 구성요소와 수평적 구성요소와의 관계를 연출한다. 수평적 차원의 위계성은 야간 공원의 계위 디자인 표현방법이며, 이는 조명된 요소들의 가상 수평면들이 다층위多層位로 인지되어 주변 도시공간, 공원의 지형적 구조 및 형태, 공간 구조물, 녹지공간의 형상, 길, 시설물 등의 전체 공원 구조를 형성한다.

아울러 이러한 도시공원 경관조명디자인 방법은 빛을 통해 공간별 위계를 정립하여 이용자에게 공간 특징과 용도를 명확하게 인식시키며 조명된 요소들은 가상 수평면들의 다층위로 인지되어 공간 목적과 기능에 따라 빛의 강도와 분포를 통해 입체적 공간과 위계를 형성하여 구조적 공간을 구축한다.[27]

시각적 연속성

인간은 시각적 움직임을 통해 연속적으로 공간을 지각한다. 이러한 공간 지각과정의 특성인 시각적 연속성은 이용자가 한 시점에서 경관을 연속적으로 보거나 이용자가 스스로 시점을 이동하면서 경관을 연속적으로 볼 때 형성되며, 경관의 시간적 구성과 전개로 이해할 수 있다.

이것은 경관의 이해과정에서 각 공간요소의 독립적 지각이 아닌 공간요소들의 관계성을 통한 시각적 패턴으로 지각되게 하는 주요 요인이다. 특히 야간의 경관은 주로 때에 따른 밝음과 어두움의 '대비'에 의해 공간이 표현되므로 시각적 연속성 측면이 더욱 강조된다.

빛 표현에 의한 시각적 연속성은 이용자가 한 시점에서 연속적 경관으로 지각하는 정위와 이용자가 스스로 시점을 이동하면서 경관을 연속적으로 보는 변위 측면으로 계획하여야 한다.

첫째, 정위定位의 시각적 연속성은 한 시점에서 단지 전체 또는 부분 공간들을 조망할 때 빛을 통해 구성요소들이 연속적 흐름으로 지각되

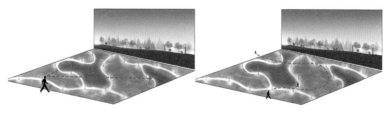

정위의 시각적 연속성   변위의 시각적 연속성

는 것이며 이는 하나의 시각적 장면Visual scene이 된다. 디자인 표현방법으로는 대상 공간이 빛의 대비를 통해 유연한 흐름을 형성하며 공간구성에 맞는 라이트레벨Light level과 공간 규모에 맞는 공간요소들의 조명방법의 조화로 주변 공간과 유기적 맥락을 형성하는 것이다.

둘째, 변위變位의 시각적 연속성은 대상공간에서 이용자의 위치에 따라 다양하게 인지되는 공간의 시각적 장면Visual scene들이 이용자의 움직임에 따라 시각적 연계성으로 지각되는 것이다. 시각적 장면에서 관찰된 공간 구성요소들이 이용자의 움직임에 따라 구성요소 형상의 리듬과 패턴으로 인지되어 시각적 연계성으로 읽힌다. 이때 이러한 형상의 리듬과 패턴이 조형적 원리의 관점에서 계획되어야 하며 이렇게 형성된 형상은 의식적으로 또는 무의식적으로 이용자에게 흥미로운 경관 경험을 제공한다.

야간 도시공원의 시각적 연속성은 빛의 균일한 분포, 전체적 통일성과 부분공간들의 다양성 및 그것들의 조화, 시각적 흐름을 유도하는 빛의 형태들, 비추는 면과 반사면의 관계, 실루엣의 질서 등 빛의 현상에 의해 결정된다. 이러한 요인들은 시각적 장면과 시각적 연계성 측면에서 조화, 비례, 균형, 리듬 등의 조형원리를 통해 구성하는 것이 중요하다. 이와 같이 조명디자인을 시각적 연속성의 관점에서 이용자의 위치와 움직임에 따른 시간적 구성과 전개과정으로 이해하고 적용한다면 그 결과는 야간 도시공원을 구조화, 체계화하여 이용자에게 풍부한 야간활동 기회를 제공할 것으로 사료된다.

아울러 미적 경험 가치를 중심으로 조망을 통해 객관적·평가적 입장을 취하는 공간 구조적 측면은 수직·수평적 위계성, 시각적 연속성으로 구분하여 접근하였으며 이러한 관점의 디자인 접근방법을 통해 야간 도시공원의 위계성과 연속성의 공간적 특성을 형성하는 것으로 사료된다.

4 공간 지각적 측면

접근성 지원

야간 도시공원에서 안전하고 용이하게 활동하기 위해서는 공간의 특성을 인지하고 해석하기 쉬운 단서들을 통해 나아갈 방향을 판단해야 한다. 조명은 밝히는 것뿐만 아니라 어두운 환경에서 해석이 쉬운 단서를 창출하는 것이다.[28]

야간 공원에서 이용자는 주관적 지각에 따라 특정 공간에서 다른 공간으로 이동하며, 주변에 비해 휘도가 높은 수직적 요소들은 이용자의 움직임을 결정하는 지표가 된다. 이러한 지표는 빛의 점과 선형적 요소들의 휘도배치에 의한 빛패턴과 구조적 요소에 조명된 수직적 면들의 휘도대비이다. 이는 시각적 흥미와 주목성을 높이고 공간을 입체적으로 연출하여 이용자의 동선을 유도한다.

먼저 빛의 점과 선형적 요소들의 휘도배치에 의한 빛패턴은 가상의 요소가 지각적으로 감지되어 물리적인 공간과는 다른 새로운 공간을 형성할 수 있으며, 이때의 긴장감과 방향감은 이용자의 시선을 유도하

카타리나 파울루스 거리(Katharina-Paulus-Straße)
독일 베를린 거리. 낮은 색온도와 눈부심을 최소화한 광원계획으로 도시 야간경관의 안전감과 쾌적
감을 높여 접근성을 지원하고 있다(아래 사진의 경우 가로등의 글레어가 카메라의 문제로 과하게
표현되어 있다.).

여 접근성을 강화한다. 빛패턴 형성에 따른 유도성은 시각적 주목성에 의해 강화된다. 그러나 공간구조를 입체적으로 드러내지는 못하므로 부분적으로 조형요소로서 공간을 표현하여 동선을 유도할 때 적절한 조명방법이다.

둘째, 구조적 요소에 조명된 수직적 면의 휘도대비와 그 구성방법에 따라 사람들의 행태가 유도되어 접근성을 지원한다. 공간에서 형태를 구성하는 기본요소를 공간과 매스mass라고 한다면 면은 그것들을 경계 짓는 요소이며, 공간과 매스의 관계를 규정해 주는 것이다. 따라서 면들의 휘도비 구성은 매스의 형체만이 아니라 공간 전개에도 관계가 있다. 공간은 다수 면이 지니고 있는 상호 위치관계에 의해 결정되는 것이며, 보는 사람과 지각형태와의 관계를 결정하는 가장 중요한 요소라 할 수 있다.[29]

이러한 수직적 유도성을 위한 경관조명디자인 방법에서 적정 휘도와 휘도대비를 준수하는 것은 가장 주요한 부분이다. 기준휘도에 의한 공간표현은 명시성을 높이는 동시에 공간을 입체적으로 연출하여 공간의 심미적 만족감을 높이고 사람들의 행태를 자연스럽게 유도한다. 그러나 과도한 휘도와 휘도비는 시각적 주목성은 높이나 입체적 공간을 형성하지 못하고 불쾌감을 높인다. 이와 같이 휘도 기준을 적용한 조명방법은 사람들의 잠재적 형태를 유도하여 공간의 기능 및 형상을 강화하고 도시공원의 구조적 이해를 높여 그 공간의 접근성을 지원한다.[30]

공간성 표현

도시공원 야간경관에 있어 공간성 표현의 의미는 공간의 어두움으로 인한 평면적 공간을 빛을 통해 공간감을 강화하여 입체적으로 지각되도록 하여 그 공간의 기능과 특성을 극대화하는 것이다. 이는 외부공간의 바닥면과 천장면 등의 수평적 구성요소와 벽면, 기둥, 수목 그리고 조형물 등의 수직적 요소로 이루어진 환경을 빛을 통해 집중과 확산, 반사 등의 조명연출로 3차원적 공간감을 강화하는 것이다.

이러한 공간감은 빛의 볼륨, 빛과 그림자 대비, 빛의 분포형상, 빛의 순차적 전이 등을 통해 공간 규모와 영역, 방향 등을 형성하여 공간성을 제공하고 표현한다. 이를 통한 공간성 표현은 이용자에게 도시공원의 심리적·물리적 활동 정도와 범위를 제공한다.

사람들은 공간의 밝기를 통해 공간 형상을 인식하지만 밝기가 공간성 표현과 비례하는 것은 아니다. 공간적 빛현상에 의한 공간성 표현은 공간을 한정 및 확장하며, 물리적 경계의 소멸 및 지각적 경계를 형성하고 공간 표현의 물성을 강화하여 공간 의미와 특성을 규정한다. 이러한 야간 도시공원의 공간성은 이용자의 움직임과 시각에 따라 빛과 공간과의 관계를 미학적으로 해석하는 과정을 통해 구축된다.[31]

공간 개념은 단순히 '물리적으로 비어 있는 사이'의 의미로 사용되었으나, 19세기 후반 미학자들에 의해 그 가치가 평가되기 시작하였다. 그 후 공간에 대한 활발한 연구가 전개되어 도시 및 건축 환경에서 그 중요성이 물리적 구축형태에서 실존적 구축공간으로 변화되었다. 공간의 특성에 대해 들뢰즈[Deleuz](2002)는 시간성으로 이해하였고 슐츠[Schulz](1971)는 공간체험을 바탕으로 실존적 공간인식의 중요성을 역설하였다. 르페브르[Lefebvre](1991)는 구성요소들의 관계와 배치로 공간을 인식하는 사회적 소통을 강조하였으며 홀[Holl](1994)은 빛과 시간 등과 같은 비물질적인 것들이 공간에 본질을 부여한다고 보았다. 이러한 공간 특성에 대한 견해들을 통해 공간은 물리적 절대 공간이 아닌 빛과 시간에 의해 그 가치와 본질이 규명되어 사람들에게 인식 및 활용되는 데 그 의의가 있으며 이 과정에서 공간성이 발현됨을 알 수 있다. 국립국어원(2013)에 따르면 공간성은 공간에 대한 관념이나 공간으로서의 특성을 일컫는다. 공간성은 공간을 구성하는 요소들의

위치관계, 표면질감, 색상 등의 조합에 따라 빛에 의해 표현되어, 이를 사람들이
활용 목적과 경험, 문화, 환경 그리고 관습 등의 개인적 요인에 따라 인식 및 반응
하는 행태 패턴을 통해 강화된다.

① 배광분포 부피감을 통한 영역적 표현

영역적 표현은 공간 이용의 심리적 소속감을 높이고 행태를 지원
하여 그곳의 공간성을 강화한다. 이 같은 영역적 표현에 대해 알트만
Altman(1975)은 사회적 의미 위계에 따라 장소의 식별성과 심리적 공간
성을 증진하여 공간 간의 경계 조절도구가 된다고 하였다.

야간의 영역적 표현은 배광분포 부피감을 통해 표현 가능하며 그것
은 물리적 경계 없이 빛 볼륨에 의해 공간영역을 구축하는 것이다. 이

보스턴 워터프론트(Boston Waterfront)
배광분포 부피감을 통하여 현상적 공간 영역이 형성되어 있다.

는 전반조도를 높이기보다는 공간 요소와 기능에 따라 적절한 배광분포를 형성하여 빛과 그림자, 음영의 관계적 효과를 통해 공간을 입체적으로 표현하는 것이 중요하며, 배광분포의 부피감에 따라 형성된 비물질적 공간과 배치들에 의한 공간적 질서는 또 다른 공간영역을 창출하며 배광분포 형태와 배광분포 방향에 의해 다양한 영역을 형성한다. 외부공간에 가로등의 배광분포 형태와 배광분포 방향에 따라 오픈된 공간에 새로운 공간 영역을 형성하고 있음을 알 수 있다.[32]

이는 넓은 배광분포로 공간을 전체적으로 비추어 하나의 빛 볼륨으로 인식하게 하거나, 공간 한 부분에 좁은 배광 부피감을 통해 중심성을 강화하여 오브제로 인식시켜 상징적 의미를 강조하기도 한다. 배광의 방향에 따라 공간감을 강화하여 공간영역을 형성하기도 한다. 이와 같은 배광분포 부피감을 통한 영역적 공간 연출 과정에서 밝음뿐만 아니라 어두움에 대한 적극적인 계획이 수반되어야 위계 있는 구조적 공간들이 형성되며, 이는 도시공원의 영역적 공간성으로 표현된다.

② 휘도 분포와 대비를 통한 공간의 한정과 확장

공간은 빛에 의해 반사된 경계면들을 통해 인식되고 빛과 반사면의 관계구성으로 관찰자에게 지각된다. 지각심리학자 깁슨Gibson(1986)은 공간지각의 기본적 대상이 공간 안의 표면과 표면 배치임을 강조하였다.[33] 야간 도시공원에서 깁슨이 말하는 표면은 경계면의 휘도분포이고 표면배치는 경계면들의 휘도대비이다. 이러한 빛의 반사된 경계면들은 공간의 형태를 묘사, 보완, 변형하여 공간영역을 한정하고 경계면 휘도 비의 위계적 질서로 공간감을 강화하여 입체적 공간을 형성하는 공간성을 표현한다. 김주미(2011)에 따르면 3차원의 공간구조는 불투명한 표면의 특성, 표면의 윤곽선과 가장자리에 의해 시각정보가 결정되어 점, 선, 면과 같은 요소보다는 전체 공간 형식을 구성하는 표면

미국 뉴욕 하이라인 파크(The High Line)
휘도 분포와 대비를 통한 공간의 한정과 확장의 표현 사례이다. 잔디 부분의 배광을 통해 휴식공간
을 한정하고 보행공간의 연속적 빛연출로 공간의 확장성이 나타난다.

의 배열원리와 질감, 색상 그리고 그곳을 비추는 조명이 지각과 정서
에 결정적 영향을 미친다.[34]

주간에는 천장면, 바닥면, 벽면, 기타 구조물과 수목 등의 높이, 위
치, 크기와 배열과 같은 물리적 경계에 따라 공간이 규정되나 야간에
는 물리적 경계 조건이 아닌 경계면들의 휘도분포와 정도대비에 의해

집중·분절·확산되어 공간을 한정 및 확장한다. 이렇게 도시공원에서 빛이 비친 경계면들은 밝은 배경luminous ground이 되고 그 앞의 사람들의 움직임은 어두운 형상dark figure이 되어 그 상호관계에 따라 또 다른 공간 이미지를 형성한다.

앞의 뉴욕 하이라인파크에서와 같이 경계면들의 휘도 분포와 대비를 통해 공간은 확장되거나 한정된다. 바닥재와 수목, 시설물 등을 통해 1차적으로 공간 기능을 구분하고 야간에는 빛을 통해 그 공간 기능을 더욱 강화하고 있다. 보행공간은 바닥면의 휘도분포의 선형적 배치를 통해 공간을 확장하였고 휴식공간은 부분적 빛을 통해 공간을 한정하였다.

이러한 휘도에 의한 공간의 한정 및 확장은 휘도분포와 휘도대비로 구분하여 적용 가능하다. 이 같은 경계면들의 휘도 분포와 대비를 통해 공간은 한정 및 확장의 과정에서 새로운 공간이 형성되며, 이는 요소와 배경과 관계에서 실루엣을 통해 입체적 공간 층위를 형성하여 장소화된 공간성을 표출한다.[35]

③ 빛형상 동률을 이용한 공간적 방향성 표현

야간 도시공원은 어두움 속에서 밝음의 형상과 배치 질서에 의해 사람들의 활동 범위가 설정되고 운동의 방향성이 제시된다. 박영욱에 따르면 공간디자인이 시각예술에 한정되지 않는 이유는 그곳을 향유하는 사람들의 움직임을 수용하는 공간적 특성에 있다.[36] 이러한 공간적 특성으로 인해 움직임을 유도하고 지원하는 공간적 방향성이 중요하다. 슐츠Schulz(1971)는 공간을 실존적 공간체험 관점에서 중심과 방향으로 접근하였다. 슐츠의 중심과 방향에서 중심이 앞서 본서에서 제시한 영역적 공간성과 한정적 공간성 측면이라면, 방향은 확장적 공간성과 공간적 방향성 측면으로 적용 가능하다.

밀라노에 위치한 도시공원(Parco Industria Alfa Romeo - Portello)

본 공원에서는 빛형상 동률을 이용한 공간적 방향성이 표현되어 있다. 야간 도시공원은 어두움 속에서 밝음의 형상과 배치 질서에 의해 사람들의 활동 범위가 설정되고 운동의 방향성이 제시된다. 본 공원은 동선 제시와 더불어 공원 지형의 특징을 강화하여 공원의 조형성을 강조하고 있다.

빛을 통한 영역적 공간성과 한정적 공간성 표현은 정태성을 통해 힘을 집적시켜 중심성을 강화하고, 공간적 방향성 표현은 동태성을 통해 공간의 힘을 특정 방향으로 확산시킨다. 야간경관에 있어 공간적 방향성은 점, 선, 면과 같은 빛형상의 규칙적 배치, 즉 동률動律을 통해 용이하게 지각된다. 밀라노 Parco Portello는 빛형상 동률을 이용한 공간적 방향성이 표현된 예이다.

Parco Portello와 같이 밝음과 어두움의 균형있는 배치는 움직임 규칙과 밀도 변화의 지각으로 이어진다. 이는 공간의 3차원적 깊이 지각과 공간의 척도가 되고 있으며 사람들 움직임의 방향성을 제시하고 그 공간의 입체적 운동성을 형성하여 공간성을 표현하는 도구가 된다. 또한 빛형상 동률로 지각되기 위해서는 직접조명, 간접조명과 직·간접조명 등의 혼합 사용된 빛형상이 주변 휘도와 적절한 대비를 통해 공간 안에서 조명기구가 조형 요소로 읽히도록 하는 것이 중요하다.

빛형상의 과도한 휘도차는 시각적 불편함과 평면적 공간을 연출하므로 주변 도시공간의 맥락적 이해를 바탕으로 공간적 특성과 운동성의 관계적 측면에서 디자인되어야 한다. 이 과정에서 도시공원의 공간 의미와 시지각 패턴, 행태적 구조가 반영되어 이용자의 움직임을 입체적으로 체계화하는 것을 알 수 있다.[37]

④ 회명晦明을 통한 표면물성의 다의적 표현

야간 도시공원은 시시각각 변화하는 빛현상에 의해 형태와 규모, 물성, 색채 등의 조화가 통합적으로 지각된다. 그중 표면물성은 그곳의 성격을 직접적으로 표현하는 수단이 되며 빛과의 관계성에 따라 풍부한 의미를 내포하는 매질이 된다. 빛과 공간과의 관계에 대한 연구들을 살펴보면 밀렛과 바렛Millet and Barret은 물성은 빛에 의해 지각되

국립 9·11 테러 메모리얼 뮤지엄(National September 11 Memorial & Museum)
회명을 통한 물의 표면물성 표현으로 메모리얼 풀즈(Memorial Pools)의 상징적 표현을 극대화 하였다.

며 역으로 빛의 질과 양은 물성에 의해 파악됨을 강조하였고[38] 미셸 Michel(1995)은 조명에 의한 표면물성의 음영은 공간 형태로부터 시각적 무게감을 감응하게 함을 역설하였다.[39]

이러한 견해들을 통해 표면물성은 그 공간의 조명환경을 구체화하며 표면물성과 빛과의 관계에 따라 그 공간의 성격이 규정됨을 알 수 있다. 야간경관에서 회명晦明을 통한 표면물성의 표현은 물리적 속성보다는 광학적 패턴으로 이해되며 빛에 의해 움직이는 시각정보로 인식된다. 일본건축학회Architectural Institute of Japan는 표면의 물리적 속성은 대상과 관찰자의 공간적 위치관계와 조명조건 그리고 관찰자의 특성과 요인에 따라 다양한 의미관계로 해석되는 것을 강조하고 있다.[40]

이와 같은 회명을 통한 표면물성 표현은 어둡고 밝음의 상대성 정도, 빛의 방향과 각도, 경계면과의 거리, 광도 등의 조명환경과 표면의 요철 정도와 패턴의 스케일, 색채, 반사율 등 표면물성의 조합에 따라 새로운 의미를 재조직하여 또 다른 공간을 창출한다. 야간의 외부공간은 어둠 속에 빛을 비추어 그 상대성을 통해 공간의 표면물성이 지각되며 이것이 관찰자의 상황에 따라 다양한 의미로 인식된다. 이러한 절차는 공간의 관념적 의미와 물리적 범위를 구체화하며 그 공간의 명확한 이해를 바탕으로 공간성을 표현하고 그 관계성에 따라 풍부한 경험을 제공하는 것으로 사료된다.

앞서 제시한 경관조명 접근법에 의한 도시공원 야간경관의 공간구조가 체계화되고 접근성이 지원되고 공간성이 표현된다면 이용자의 다양한 행위에 대한 요구를 충족할 것으로 기대한다. 이러한 조명계획은 이용자의 행태패턴을 구조화하고, 심리적·물리적 활동 정도와 범위를 제공하며, 지각과정의 체계화를 통한 인지과정을 정제하여 정서적 편의성을 제공할 것으로 사료된다.

5 이용 행태적 측면

공원과 이용자의 관계성

도시공원과 같은 환경은 인간의 행위를 유발시키는 힘을 갖고 있으며 인간은 환경에 대하여 본능적인 태도를 보인다. 환경은 인간에게 대상에 대한 정보를 감관 자극을 통해 전달하는 매개체로서 작용하며, 이용자는 이러한 자극에 대하여 자신의 가치체계에 의한 태도로 행동 반응 현상을 보인다. 이러한 행동이 어떤 일정한 경향성을 보일 때 행태라고 하며, 이는 지각과 인지를 포괄하는 함축적인 의미를 지닌다.

도시공원의 물리적 공간 구성요소들은 이용자에게 어떤 방식으로든 활용할 수 있는 잠재적 이용 가능성을 제공하는데, 이를 깁슨Gibson이 표명한 지원성affordance으로 이해할 수 있다.

지원성은 그 환경의 구조가 갖는 행동적 가능성이며 공간디자인은 이용자의 행위패턴을 형성하는 행동장치를 계획하는 것이다. 야간 도시공원의 다양한 형태구성 요소들은 각기 다른 미적 행태 경험을 지원하며,

하나의 요소가 상황적 특성에 따라 잠재적 환경을 구성하기도 한다.[i]

스프라이어겐Spreiregen(1964)은 도시경관을 가시적 환경뿐 아니라 사회적 행태, 비가시적 경험의 측면까지 포함하여 이해하고, 도시경관의 미적 질을 시각적 측면뿐만 아니라 행위라는 사회적 측면으로 확대하였다. 권영걸(2001)은 잠재적 환경구성 과정인 공간디자인에 대하여 공간 이용자들이 특정한 목적으로 갖고 행하는 행태들을 물리적 공간조직으로 지원하며 단순히 공간조직을 실체화하는 수준에 머물지 않고, 나아가서는 공간 이용자들이 그려내는 비물질적인 행태회로와 그것들의 복합인 행위체계를 설계하는 작업임을 강조하고 있다.

시각적 공원설계 접근방법을 주장한 러틀리지Rutledge(1985)는 공원설계의 기준을 인간행태로 인식하였으며 행태적 수요를 충족하는 형태 해결책을 추구하는 설계과정에서 인간행태의 규칙성 예측을 통한 물리적 공간설계에 반영을 강조하고 있다.[41]

아울러 도시공원의 야간환경을 조성하고 창조하는 근본적인 이유는 현재 야간 공원 이용자들의 이용행태와 앞으로 나타나게 될 잠재적 행위 경향에 대비하기 위한 것이라 할 수 있다.

이러한 도시공원의 다양한 이용자 행위를 유발하는 공원의 기능을 살펴보면 동적·정적 위락 기능, 쾌적성, 안전성, 심미성을 위한 기능, 자연식생 보전의 기능 등이 있다. 이를 위한 공원의 기능공간은 원로와 광장, 수경시설, 유희시설, 교육 및 교양시설, 편의시설, 운동시설, 휴양시설, 관리시설로 구성되며, 이러한 다양한 공원의 기능들을 이용

---

i) 도시공간에서 이용자가 그곳에서 어떤 행위들을 할 때 깁슨(Gibson, 1966)은 환경의 지원성을 통해 '지각 → 인지와 효과 → 공간행동'의 과정으로 이해하였고, 허쉬버거(1974)는 건축 공간의 의미는 '자극 대상 → [표상 → 반응] → 행동적 반응'의 과정으로 이해하였다. 또한 패드리시오스(Patricios, 1975)는 '환경적 지각과 행동접근방법'에서 공원과 같은 개방공간에서 환경에 대한 지각과 행동에 관한 관계성을 강조하였다. 여기에 공간과 이용자 간의 상호관계성을 강조한 나사르(Nasar, 1994)는 이용자의 선호도 조사를 통해 도시 구성 요소 부분들의 호감 정도를 파악하는 연구를 진행하였다.

미국 뉴욕 하이라인 파크(The High Line)(위)와
프랑스 파리 시몬느 드 보부와르 인도교(Passerelle Simone de Beauvoir) 주변 센강 둔치(아래)
도시 공원의 공간 구성과 구조에 따라 사람들의 일정한 행위패턴이 유발된다.

하는 이용자들의 도시공원 내 동선 계획은 안전하고 합리적이면서도 단순한 동선을 확보하여 이질의 동선이 교차되지 않는 것이 중요하다.

각 입구로부터 이용자는 차도, 보도, 자전거도로 등 이용 용도에 따라 각 시설의 동선이 검토되며, 각각의 동선은 이용의 빈도, 방향, 밀도 등의 기능적인 측면과 경관구성이나 정서적 측면에서 폭, 기울기, 질감 등이 결정된다.[42] 또한 공원 이용자들의 이용패턴과 활용내용을 보면 사회규범이 지배하는 영역과 개인이 자유롭게 정할 수 있는 영역들이 형성되며 그 영역들의 이용성에 조화가 요구된다. 야간에는 빛 분포에 따라 그 영역들이 변화 또는 강화되어 이용자의 활동시간이나 활동범주를 결정하게 된다.

특히 야간에는 이러한 이용자의 다양한 목적에 따른 행태지원성을 확보하기 위해서는 안전감과 보안성 확보가 무엇보다 우선되어야 한다. 먼저 야간에는 기준조도 확보를 통해 산책로 바닥면의 고르기 정도와 앞서 다가오는 낯선 사람이 위해한 인물인지 파악할 수 있는 식별성이 확보되어야 하며, 이용자가 가고자 하는 방향이 옳은 장소인지와 안전한 곳인지에 대한 판단을 할 수 있는 인지성이 확보되어야 한다.

여러 상황에 있는 사람이 다른 이용자로부터 방해를 받거나 불쾌감을 느끼지 않고 안전하고 편안하게 머무를 수 있는 공간계획이 중요하며, 공원 이용에 있어 누구나 동등하며 모든 연령층이 향유할 수 있는 공원의 기능이 있도록 계획되어야 한다. 다양한 이용자의 목적에 따른 행동을 수용하고 그 욕구를 충족할 수 있는 행태 지원성에 대해 깊이 있게 고려되어야 한다.

이용 행태 측면의 디자인 접근 방법은 빛을 통해 미학적, 인지적 그리고 물리적 차원으로 공간을 지각하여 행태 반응으로 형용되는 과정이다. 먼저 야간 도시공원을 2차원적 경관이미지로 지각하고, 공간 구성요소들을 수직·수평적 다양한 차원으로 공간구조를 인지한 후, 공간

내 공원 구성요소들을 빛을 통해 다양한 공간규모로 공간 지각하여 그곳 이용자의 행태패턴으로 표현한다. 이 과정에서 공원 이용자의 행태패턴을 최적화하는 방향으로 계획하는 것이 중요하다.

야간 도시공원의 이용자들은 자극 대상인 연출된 빛환경을 지각과 인지의 표상적 효과에 행동적 반응인 공간의 이용자 행태로 표의된다. 야간 도시공원과 그곳 이용자의 관계는 공간과 인간의 교호과정으로, 공간 이용자의 시각적 지각, 사회적 의미 인지, 행위적 공간반응 절차로 야간공원의 행태 패턴을 형성한다. 이용자는 지각과정과 인지과정의 도식화를 통해 다양한 행동 가능성을 모색하여 공간 반응으로 귀추된다.

야간경관은 행동 장치가 되며 야간공원에서 발생하는 고정적 또는 반복적 행위패턴 사이의 관계를 형성한다. 이용자의 환경적 지각과정에 따라 행동 접근 방법이 상이하며, 이러한 공간과 이용자 행태패턴과의 상호관계성에 대한 파악이 앞으로 도시공원 공간계획에 있어 공간 품질을 높이는 절대적 과정으로 이해되어야 한다. 개럿 에보^{Garrett} Eckbo(1971)는 '인간의 환경에는 2개의 환경이 있다. 하나는 자연의 법칙에 따른 환경이고, 다른 하나는 사회의 법칙에 따른 환경이다.'라고 역설하였다. 에보의 관점처럼 환경 정비를 목적으로 하는 공원설계는 자연과학이나 생태학의 원리를 아는 것이며 사회과학이나 행동과학의 원리를 아는 것이라고 말할 수 있다. 이와 같은 견해로 연출된 도시공원의 야간경관은 이용자의 행동 장치가 되어 환경 내에서 발생하는 고정적 혹은 반복적 행위패턴 사이의 관계를 형성하여 이 과정 이용 후 평가연구를 통해 구체화할 수 있다. 이용자들은 환경적 지각과정에 따라 행동의 접근방법이 상이하며 공간과 이용자 행태패턴과의 상호관계성에 대한 파악이 앞으로 도시공간과 같은 공간계획과정에서 그곳의 공간 품질을 높이는 절대적 과정이다.

도시공원 이용성에 영향을 미치는 조명디자인 요소

	내용
밝기	① KS산업규격 조도기준 불충족 ② 과도한 밝기의 조명환경 ③ 너무 어두운 조명환경 ④ 공원 전체적 일률적인 조도분포 ⑤ 공간 특성을 고려하지 않는 밝기분포 ⑥ 다양한 이용자 행태에 적합하지 않는 밝기분포 ⑦ 너무 밝거나 어두운 조명환경 편차 ⑧ 밝기가 고르지 않는 산책로 지면 ⑨ 밝고 어두움의 편차로 인한 안전 사각지대 발생 ⑩ 수직적 밝기분포(연직면조도)에 따른 방향 제시(길찾기)
디자인	① 주변 도시공간과 조화롭지 못한 공원 야간경관 ② 공간의 입체적 표현 ③ 공간별 빛의 위계성 부족 ④ 빛을 통한 공간 영역성 표현 부재 ⑤ 자연물의 계절과 시간에 따른 생장변화를 고려하지 않는 디자인 ⑥ 과도한 디자인과 색채를 적용한 조명계획 ⑦ 공원 경관조명디자인 콘셉트 부재 ⑧ 가로등 위주의 획일적 디자인 ⑨ 등기구 형태의 지역성 및 상징성 표현의 부재 ⑩ 단순한 기구 형태로 인해 공간에 묻혀 눈에 띄지 않는 등기구 디자인 ⑪ 다양한 색온도 사용
광원 빛공해	① 시공성 및 예산을 고려한 기존 가로등(MH와 수은등) LED헤드만 교체 ② 공원등의 간격을 조절하지 않고 효율성을 위한 고휘도 조명 사용 ③ 고휘도 LED조명 사용으로 인한 눈부심 ④ 공원 주변 주거공간에 미치는 광공해

도시공원 경관조명의 접근방향

구분	접근 방향	이미지	특성
지각 · 인지적 자극	**도시 경관적 측면** • 경관 구성요소들의 관계성과 다양한 이용자 시점 • 경관형성 과정으로서 야간경관디자인 • 총체적 통합 시각		조화성 정체성 심미성 연출성
	공간 구조적 측면 • 수직·수평적 위계성 • 시각적 연속성 • 수직적 유도성		위계성 연속성
	공간 지각적 측면 • 접근성 지원 • 공간성 표현		접근성 공간성
행동 반응	**이용 행태적 측면**		지원성 안전성

5

도시공원 조명디자인 기준과 제도

1 국내 도시공원 조명설치 기준과 제도

관련 법령

우선 「경관법」에서는 국토경관을 체계적으로 관리하기 위해 경관의 보전·관리 및 형성에 필요한 사항을 정함으로써 아름답고 쾌적하며 지역특성이 나타나는 국토환경과 지역환경을 조성하는 데 목적이 있음을 표명하고 있다.[43] 도시공원에 대한 「경관법」 관련 내용은 경관계획에 있어 도시공원 및 녹지 등의 특정한 경관 요소 관리에 관한 사항에 대한 포함의 필요성과 개발사업에 있어 사전경관계획 수립 및 경관 심의의 중요성에 대해 기술하고 있다.[i]

또한 쾌적한 환경과 아름다운 경관형성을 위한 경관협정체결 범위에는 녹지, 가로, 수변공간 및 야간조명 등의 관리 및 조성에 관한 사항 포함 가능성과 경관형성에 대한 심의 또는 자문을 위하여 '도시공원위

---

i) 연구자 주. 개발사업의 계획에서 1. 경관계획의 기본방향 및 목표에 관한 사항, 2. 주변 지역의 경관 현황에 관한 사항, 3. 경관 구조의 설정에 관한 사항, 4. 건축물, 가로, 공원 및 녹지 등 주요 경관 요소를 통한 도시공간구조의 입체적 기본구상에 관한 사항이 포함되면 사전경관계획을 수립한 것으로 본다.

원회'를 설치할 수 있음을 「경관법 시행령」에서 밝히고 있다. 이와 같이 경관법과 시행령을 살펴보면 도시공원 야간경관에 대해 법령의 특성상 구체적인 내용은 제시되어 있지 않으나 도시 경관 형성에 있어 도시공원과 야간경관 역할의 중요성을 강조하고 있다.

다음으로 「도시공원 및 녹지 등에 관한 법률」을 살펴보면 이 법률은 도시에서의 공원녹지 확충·관리·이용 및 도시녹화 등에 필요한 사항을 규정함으로써 쾌적한 도시환경을 조성하여 건전하고 문화적인 도시생활을 확보하고 공공의 복리를 증진시키는 데 이바지함을 목적으로 하고 있다.

세부 내용을 보면 공원녹지기본계획에는 ①지역적 특성 및 계획의 방향·목표에 관한 사항, ②인구, 산업, 경제, 공간구조, 토지이용 등의 변화에 따른 공원녹지의 여건 변화에 관한 사항, ③공원녹지의 종합적 배치에 관한 사항, ④공원녹지의 축軸과 망網에 관한 사항, ⑤공원녹지의 수요 및 공급에 관한 사항, ⑥공원녹지의 보전·관리·이용에 관한 사항, ⑦도시녹화에 관한 사항, ⑧그 밖에 공원녹지의 확충·관리·이용에 필요한 사항으로서 대통령령으로 정하는 사항의 포함 필요성을 기술하고 있다. 또한 공원녹지기본계획의 수립을 위한 기초조사와 관련하여 공원녹지기본계획 수립권자는 공원녹지기본계획을 수립하거나 변경하려면 미리 인구, 경제, 사회, 문화, 토지이용, 공원녹지, 환경, 기후, 그 밖에 대통령령으로 정하는 사항 중 해당 공원녹지기본계획의 수립 또는 변경에 필요한 사항을 대통령령으로 정하는 바에 따라 조사하거나 측량하는 것이 중요함을 기술하고 있다.[44] 이같이 법률에서는 공원에 대한 총체적이고 다각적인 분석과 접근을 통해 공원녹지가 계획 및 보전되어야 한다는 것을 강조하고 있다. 그러나 야간의 활용성과 중요성이 높아지고 있는 도시민의 생활패턴에 대한 고려가 부족한 것으로 판단된다.

「도시공원 및 녹지 등에 관한 법률 시행규칙」을 살펴보면 제8조 공원 조성계획의 수립 기준에서는 야간경관에 대한 수립 기준이 누락되어 있으며, 제10조 도시공원의 안전성 확보에는 도시공원의 설치·운영 시 안전한 환경을 지속적으로 유지할 수 있도록 적절한 디자인과 자재를 선정·사용할 것만 언급되어 야간경관의 가치에 대한 이해가 부족한 것으로 판단된다. 다음의「도시공원 및 녹지 등에 관한 법률 시행규칙 [별표 1]」을 보면 현재 우리나라 법률의 경관조명에 대한 이해의 폭을 단편적으로 엿볼 수 있으며[45] 조명기구를 단순히 표지판이나 CCTV 수준의 시설물 정도로 인식하고 있음을 알 수 있다.

조명기구는 불을 밝히는 기구 수준이 아닌 그 빛을 통해 야간 공원 환경을 창출하는 수단으로 이용자의 공간인식 및 행태패턴을 형성하는 도구이다. 단순히 가로등의 적절한 위치 배분을 통한 공원 내 명시성 확보의 접근이 아닌 도시공원에서 주간과 또 다른 야간 공간을 창조하는 역할에 대한 이해가 전혀 없다는 것을 법령 분석을 통해 알 수 있다.

더불어「인공조명에 의한 빛공해 방지법」을 보면 이 법은 인공조명으로부터 발생하는 과도한 빛 방사 등으로 인한 국민 건강 또는 환경에 대한 위해危害를 방지하고 인공조명을 환경 친화적으로 관리하여 모든 국민이 건강하고 쾌적한 환경에서 생활할 수 있게 하는 것을 목적으로 한다.[46] 또한「인공조명에 의한 빛공해 방지법 시행령」에서는 도시공원의 보행로와 녹지공간을 대상 공간으로 지정하였으나 시행규칙에서는 측정지가 주거지 연직면으로 설정되어 있어 주거지가 인접하지 않는 도시공원에 해당 내용은 없다는 것을 알 수 있다.

마지막으로「공공기관 에너지 이용 합리화 추진에 관한 규정」에 따르면(지식경제부고시제2011−154호) 제12조(조명기기의 효율적 이용)에서 '①건물 미관이나 조형물, 수목, 상징물 등을 위하여 옥외 경관조명을 설치하여서는 아니된다. 다만, 특별한 사유에 의해 설치하는 경우

〈표 5-1〉 관계 법령(도시공원 및 녹지 등에 관한 법률)

법령		해당 내용
도시공원 및 녹지 등에 관한 법률	도시공원 및 녹지 등에 관한 법률 제2조 제4호	㉮ 도로 또는 광장 ㉯ 화단, 분수, 조각 등 조경시설 ㉰ 휴게소, 긴 의자 등 휴양시설 ㉱ 그네, 미끄럼틀 등 유희시설 ㉲ 테니스장, 수영장, 궁도장 등 운동시설 ㉳ 식물원, 동물원, 수족관, 박물관, 야외음악당 등 교양시설 ㉴ 주차장, 매점, 화장실 등 이용자를 위한 편익시설 ㉵ 관리사무소, 출입문, 울타리, 담장 등 공원관리시설 ㉶ 실습장, 체험장, 학습장, 농자재 보관창고 등 도시농업을 위한 시설 ㉷ 그 밖에 도시공원의 효용을 다하기 위한 시설로서 국토교통부령으로 정하는 시설
	도시공원 및 녹지 등에 관한 법률 시행규칙 [별표1]	7. 공원관리시설 창고·차고·게시판·표지·조명시설·폐쇄회로·텔레비전(CCTV)·쓰레기처리장·쓰레기통·수도, 우물, 태양광발전시설(건축물 및 주차장에 설치하는 것으로 한정한다), 그 밖에 이와 유사한 시설로서 공원관리에 필요한 시설

〈표 5-2〉 관계 법령(인공조명에 의한 빛공해 방지법)

법령		해당 내용							
인공조명에 의한 빛공해 방지법	인공조명에 의한 빛공해 방지법 시행령 제2조(조명기구의 범위)	「인공조명에 의한 빛공해 방지법」 제2조 제2호에 따른 조명기구는 다음 각 호의 어느 하나에 해당하는 것으로 한다. 1. 안전하고 원활한 야간활동을 위하여 다음 각 목의 어느 하나에 해당하는 공간을 비추는 발광기구 및 부속장치 ㉯ 「보행안전 및 편의증진에 관한 법률」 제2조 제1호에 따른 보행자길 ㉰ 「도시공원 및 녹지 등에 관한 법률」 제2조제1호에 따른 공원녹지							
	인공조명에 의한 빛공해 방지법 시행규칙 [별표]	빛방사 허용기준(제6조 제1항 관련) 제2조 제1호의 조명기구							

구분		적용시간	기준값	조명환경관리구역				단위
				제1종	제2종	제3종	제4종	
측정기준	주거지 연직면 조도	해진 후 60분 ~ 해뜨기 전 60분	최대값	10 이하		25 이하		lx (lm/m²)

134

에는 반드시 LED조명을 사용하여야 한다'[47]로 공시되어 있다. 이러한 이유로 도시공원은 공간적인 특성이나 이용자들의 행태를 고려하지 않은 채 일률적으로 현재의 가로등 등주에 LED조명만 교체하여 시공성, 에너지와 유지보수의 효율성만을 목적으로 한 경우가 대부분이다.

아울러 도시공원 경관조명 관련 법령인 「경관법」, 「도시공원 및 녹지 등에 관한 법률」, 「인공조명에 의한 빛공해 방지법」과 시행규칙들의 분석 결과 도시공원 야간경관에 대한 경관적 가치와 빛이 공간을 창출하는 수단이 된다는 인식이 거의 없음을 알 수 있다.

관련 자치법규

서울특별시를 비롯한 3대 광역시의 조명관련 법규를 조사한 결과 인공조명에 의한 빛공해 방지에 관한 조례를 제작하여 시행하고 있었다. 서울시의 경우 빛공해 방지와 도시조명 관리 차원에서 나아가 「빛공해 방지 및 좋은빛 형성 관리조례」를 공표하여 규제의 목적에서 도시민의 삶의 질 제고를 위한 아름다운 야간경관 형성 목적으로 변화·발전되었다.

3대 광역시의 경우 인공조명에 의한 빛공해 방지법을 기반으로 한 유사한 조례를 설정하고 있었으나 광주시와 대구시의 경우 「광주광역시 LED조명 보급촉진 지원 조례」와 「대구광역시 LED조명 보급촉진 조례」를 제정하여 광주시는 LED조명의 보급을 촉진함으로써 '빛의 도시'로서의 정체성 구현 및 양질의 조명환경 조성과 에너지 사용의 효율화를 꾀하였다. 대구시는 에너지 사용 효율화를 통해 지역 내 LED산업의 경쟁력을 높이고자 하는 목적을 갖고 있다. 그러나 서울시와 같이 조명에 대한 조례는 관리와 규제에서 나아가 심미성을 증진할 수 있는 쾌적한 공간형성을 유도하는 방향으로 변화 설정되어야 할 필요가 있다.

서울시 정보공개사이트의 공원조명관련 결재문서[ii], [iii]를 검토한 결과, 사업 목적은 야간에 이용하는 시민에게 안전하고 편리한 환경을 제공하는 것으로, 담당 부서는 기전설비 분야와 공원녹지정책과 전기설비 분야이다. 소규모의 공원이나 조명환경 개선사업에서는 조명설계 기간에 대한 고시가 없고 현장조사와 공사 기간만 명시하고 있으며, 이는 계획의 중요성을 간과하였다고 판단된다.

또한 KS A 3011 조도기준만을 지침으로 제시하고 있으며, 그 내용은 공원 내 전반 6~15lx와 주된 15~30lx의 조도수준이며, 에너지 효율성을 높이고자 LED조명으로 교체 및 신설하는 내용들이었다. 이러한 공문서들을 통해 대규모 공원화 사업 외 소규모 사업 혹은 유지보수 사업에서는 경관조명의 공간적 관점을 배제한 명시성과 효율성을 위한 전기설비 범위로 취급하며 공간적 설계의 개념 없이 경관조명을 단순한 옥외전기시설물로 취급하고 있는 실태를 파악하였다. 이는 경관조명을 야간의 새로운 환경을 창출하는 요소로 인식하지 못하고 있으며 그 가치와 역할을 제대로 평가하지 못함을 반증하는 것이다.

도시공원을 위한 공간적 관점에서 지침과 방향이 구체적으로 제시되어야 개개 도시공원의 통합적 관리와 체계적 야간경관의 연출 및 적용

ii) 연구자주. 2012년 이후 서울시 정보공개 사이트(opengov.seoul.go.kr)에 게시된 '14년 공원등 시설 개선 사업계획', '서울광원 LED조명 보급 활성화 계획', '한강공원 공원등 설치 및 운영'에 관한 결제문서 참조.

iii) 공원을 관리하는 지자체들은 도시공원에 설치하는 조명기구에 대해 '공원등'과 '경관조명'으로 이분하여 사용하고 있다. 여기서의 공원등은 공원 내의 기준조도 유지를 위한 조명기기이며 경관조명은 기능조명 외에 미적인 요소로 장식조명으로 인식하고 있었다. 이는 공원 내 기능조명을 통해 심미성 제고 측면을 배제한 것으로 판단되며 기능과 미적 가치를 이분화시킨 것은 기능성과 심미성을 통합적으로 접근하는 디자인적 사고가 반영되지 않았음을 의미한다. 조명기구를 빛을 통해 공간을 형성하는 도구로 인식하지 않고 도시공원의 기준조도를 확보하고 정기적인 유지보수가 필요한 전기 시설물 정도로 인식하고 있었다. 이러한 이유로 조명기기를 이용한 빛을 통한 공간 연출 관점이 아닌 에너지효율성과 시공편의성 측면으로 야간 조명이 설치되는 사유라 판단된다. 야간 조명환경을 통한 공간 연출로 주간과는 또 다른 공간이 창출되어 이용자에게 다양한 공간적 가치를 제공함을 간과하고 있는 것으로 판단된다. 이와 같이 조명관련 규정 및 기준의 문제와 관련자들의 야간 조명 가치에 대한 인식 부족의 결과를 국내 야간 도시공원 사례의 모습에서 볼 수 있었다.

〈표 5-3〉 서울시 조명관련 조례

구 분	내 용
서울특별시 빛공해 방지 및 좋은빛 형성 관리 조례 [시행 2015. 10. 8.] [서울특별시 조례 제6037호 2015. 10. 8. 일부 개정]	제1조(목적) 이 조례는 「인공조명에 의한 빛공해 방지법」에서 위임된 사항과 그 밖에 좋은빛 형성 관리에 필요한 사항을 규정함으로써 시민의 삶의 질 향상과 생태계 보호 및 에너지 절약을 목적으로 한다. 제2조(정의) 이 조례에서 사용하는 용어의 뜻은 다음과 같다. 1. '공간조명'이란 안전하고 원활한 야간활동을 위하여 특정 공간을 비추는 발광기구 및 부속장치를 말한다. 2. '광고조명'이란 「옥외광고물 등 관리법」 제2조제1호에 따른 옥외광고물에 설치되거나 광고를 목적으로 그 옥외광고물을 비추는 발광기구 및 부속장치를 말한다. 3. '장식조명'이란 건축물(「건축법」 제2조제1항제2호에 따른 건축물을 말한다. 이하 같다), 시설물, 조형물 또는 자연환경 등을 장식할 목적으로 그 외관에 설치되거나 외관을 비추는 발광기구 및 부속장치를 말한다. 4. '미디어파사드 장식조명'이란 건축물과 조명이 일체화된 방식으로 LED조명, 빔 프로젝트 등을 이용하여 밝기, 색상을 조절하고 빛의 움직임을 가능케 하는 조명방식을 말한다. 5. '빛축제'란 전구, 전등 또는 IT기술 등을 이용하여 아름답고 환상적인 분위기를 연출하는 조명 축제를 말한다.
서울특별시 빛공해 방지 및 좋은빛 형성 관리조례 시행규칙 [시행 2015. 4. 16.] [서울특별시 규칙 제3427호, 2015. 4. 16. 전부 개정] [별표 1] 조명 계획 수립 기준(제3조 관련)	2) 공원등, 광장등 조명계획수립 기준 • KS 조도기준을 준용하여 보행자의 안전성 및 시야 내 대상물을 인지할 수 있도록 한다. • 파고라[정자] 및 벤치 주변의 조도를 검토해야 한다. • 식물 및 시설물의 색 및 사람의 인식이 가능하도록 연색성이 우수한 램프를 사용한다. • 침수가 우려되는 곳은 IP67지수 이상 및 도장의 마감처리를 고려하여 기구를 선택해야 한다. • 산책로에 설치하는 조명은 지주설치를 지양하고 볼라드 형태의 바닥조명을 권장한다(확산형 조명기구 설치 금지). • 광장 조명은 오가는 사람의 흐름을 자연스럽게 유도하기 위해 진입로에 적당한 조도가 균일하게 분포되어야 한다. • 도로와 인접한 광장의 조명기구는 운전자에게 글레어를 주지 않아야 한다. • 광장과 인접한 건물, 보행자로 등은 연출 및 조명기구가 조화를 이루어 일체화된 디자인이 되도록 한다.

구 분	내 용

구분	장소	권장조도(lx) (최저·표준·최고)
건물	입구	30 - 40 - 60
건물	통로	30 - 40 - 60
공원	전반	6 - 10 - 15
공원	주된 장소	15 - 20 - 30
정원	길, 집밖, 층계	6 - 10 - 15
정원	강조한 나무, 꽃밭, 석조공원	30 - 40 - 60
정원	배경·관목, 나무, 담장	15 - 20 - 35
정원	전반조명	3 - 4 - 6

서울특별시 빛공해 방지 및 좋은빛 형성 관리 조례

[시행 2015. 10. 8.]
[서울특별시 조례 제6037호 2015. 10. 8. 일부 개정]

• 오픈스페이스 조명(공원등, 광장등) - KSA3011

• 공통사항

조명계획수립 기준

• 서울특별시 야간경관 가이드라인을 준용한다.
• 서울특별시 미디어파사드 장식조명 가이드라인을 준용한다.

이 가능할 것으로 판단된다. 또한 야간 공원 조성 시 조도기준과 같은 기준을 맞추는 데만 초점을 둔 서울시 공문서 사례와 같이 미적 도시경관을 만들어내는 것은 물리적 기준을 설정하고 그 기준치를 달성하는 것만이 주요 목표가 아닌 새로운 공간가치를 창조하는 관점으로 이해되어야 한다.

관련 기준

도시공원에 적용할 수 있는 조명관련 기준은 한국산업규격Korean Industrial Standards KS A 3011이 있다. 다른 국가의 경우와 달리 국내에서는 공인된 조명관련 단체 혹은 학회에서 제시한 경관조명 지침이 없어 국내 도시공원 조명에 대한 접근방법과 이해를 돕기 위해 서울시 야간 경관가이드라인을 첨언하면, 서울시 지침은 이용자의 시인성을 위한 수직·수평의 조도 확보를 강조하고 있으며 요소별 조명방법에 대해 계략적으로 언급하고 있다.

공원의 목적과 기능, 주변 환경, 이용자 특성에 따른 조명등에 대한 고려 혹은 공간적 위계와 빛의 분포와 대비의 관계 등의 빛을 통한 공간적 표현에 대한 접근은 부족한 것으로 판단된다.

KS A 3011 조도기준의 일부인 〈표 5-4〉에서 공원에 대해 '전반'과 '주된 장소' 두 가지 경우의 조도범위를 제시하고 있는데, '전반'은 어두운 분위기의 이용이 빈번하지 않는 장소 범위인 6-10-15(lx), '주된 공간'은 어두운 분위기 공공장소 범위인 15-20-30(lx)이다. 이 기준은 1993년에 제정되었다. 약 30여 년 동안 도시모습과 사람들의 생활패턴이 변화되고 공원의 개념과 형태가 발전되어 이용자의 요구수준이 섬세하고 다양해져 보다 구체적 기준이 필요하다. 또한 공적 공간인 공원의 경우 다른 보행자와 공간인지 및 접근성을 위한 수직적인 조도수준이 수평적 조도수준에 못지않게 중요하며 그에 대한 기준이 필요하다.

또한 정원은 공공을 위한 곳이 아닌 사적 조경공간을 내포하는 것으로 이해되는데, KS A 3011의 주택의 정원은 따로 제시되어 있어 KS 조도기준표에 있어 조도에 대한 세분화와 더불어 공간에 대한 명확한 개념도 재정의가 필요하다. 공원의 조도기준표를 확인한 결과, 공원에 대한 야간경관의 중요성과 그 가치에 대한 반영이 미흡하다.

따라서 도시공원의 다양한 공간에 대한 지침 및 공간 활동 정도, 주변 공간 특성, 이용자 특성, 운영시간 등과 같이 다양한 조건들에 따른 구체적인 기준 구축이 필요하다. 그러나 KS 조도기준의 경우 다른 공간과의 관계나 이용자에 대한 내용은 없으며 가시성 확보를 위한 밝기만 제시되어 있다.

도시공원에 대한 중요성과 그 요구 수준이 다각화되었음에도 불구하고 주변 도시공간 빛환경에 대한 이해와 이용자들의 행태에 대한 고

〈표 5-4〉 한국 산업규격 KS A 3011

• 조도분류와 일반 활동 유형에 따른 조도값(KS A 3011 표 9)			
활동 유형	조도분류	조도범위(lx)	참고
어두운 분위기 중의 시식별 작업장	A	3-4-6	공간의 전반 조명
어두운 분위기의 이용이 빈번하지 않는 장소	B	6-10-15	
어두운 분위기의 공공 장소	C	15-20-30	
잠시 동안의 단순 작업장	D	30-40-60	
시작업이 빈번하지 않은 작업장	E	60-100-150	
고휘도 대비 혹은 큰 물체 대상의 시작업 수행	F	150-200-300	작업면 조명

• 옥외시설 기준조도(KS A 3011 표 9)		
구분		조도분류
공원	전반	B
	주된 장소	C
정원	길, 집밖, 층계	B
	강조한 나무, 꽃밭,석조정원	D
	대촛점	E
	배경-관목, 나무, 담장, 벽	C
	소촛점	F
	전반조명	A
주차장	보조 주차장	B
	중앙 주차장	C

려, 도시공원에 대한 공간적 탐색 없이 전반 6 - 10 - 15lx와 주된 장소 15 - 20 - 30lx의 두 가지 기준만 제시된 것은 우리 조명디자인과 산업의 후진적 상황의 단면을 보여주는 사례라 판단된다. 기준이 불명확하고 이용자 고려에 대한 방향 제시가 없다면 서울시 도시공원 조성 및

관리에 관한 결재문서인 '14년 공원등 시설 개선 사업계획'과 같이 공간적 이해와 공원 이용자가 배제된 조명사업들이 앞으로도 계획될 것이다.

관련 기준과 제도에 대한 소고

도시공원의 밤은 생태 환경적 향유와 더불어 도시의 문화적 요소이자 정서적 공간으로 기능성이 강조되어 도시공간적 역할이 재발견되고 있으며 최근에는 도시정책 수단의 사회적 의미로 그 역할이 확장되고 있다.

빛으로 밝혀진 공원은 시민들에게 다채로운 밤시간을 제공하는 공간이며 도시공원의 경관조명은 공원을 깨어나게 하여 사람들을 불러모은다. 공원의 밤은 도시민들에게 풍요로운 삶의 가치와 실천을 수용하는 중요한 도시공간으로 인식되어 의미의 공간으로 재해석되곤 한다. 사람들의 생활 및 의식 수준 향상과 공원 가치 및 역할에 대한 인식 변화로 도시공원의 수요는 급증하고 있으며, 공원의 양적 확보와 동시에 질적 향상이 중요하다.

국내 도시공원 조명설치 기준과 제도의 현황을 분석한 결과 첫째, 조명 설치의 문제는 공간의 특성과 이용자 행태의 관계성을 고려하지 않고 기준조도 확보 및 시공성, 에너지 효율성에만 초점을 두어 무분별하게 일률적인 조명환경이 연출되고 있었다.

둘째, 제도, 기준 및 절차는 서울시 공문서조사 및 기준 분석과정에서 공간과 이용자 행위의 관계성에 따른 세부적 조명방법에 대한 내용이 매우 미흡하며 광범위한 조도기준만을 제시하고 준용하고 있음을 알 수 있었다. 이용자의 풍요로운 야간활동은 물리적 수치인 조도기준이 아닌 도시공원의 공간과 빛의 특성의 관계에서 공간에 대한 이용자의 정서적 인지로 시작되어야 하며, 야간 도시공원 조성 및 관리 절차에서 조도기준을 달성하는 것만이 주요 목표가 아닌 새로운 공간 가치를 창조하는 것이라는 이해가 필요하다.

현재 국내 야간 도시공원에서 공간의 주체는 공원 이용자가 아니라는 것을 알 수 있었다. 야간 도시공원의 집행자나 지침, 규정 및 기준의 어디에서도 이용자에 대한 면밀한 분석과 이용자의 공간 활용에 대한 내용은 거의 찾아보기 어렵다. 이러한 결과로 야간 공원의 계획 및 시공은 공간 활용의 쾌적성과 이용 편의성이 아닌 행정적 편의성과 시공의 효율성, 그리고 심미적 조망성 차원으로 접근하고 있었다. 이에 도시공원 야간경관의 질적 제고를 위해서는 그곳의 활동 주체인 이용자에 대한 면밀한 분석과 요구에 관한 조사가 필요하며, 이를 위한 체계적인 연구방법이 요구된다.

야간 공원 이용 시 이용자는 공간 이용 목적과 개인적 특성 등의 다양한 주관적 요인에서부터 도시공원 전체적 빛분포와 부분 빛공간들 간의 관계, 밝혀진 공간요소 배열과 같은 공간 형상에 따라 공간 감각으로 이어져 공간에 대한 행태반응이 다양하게 나타난다.

다양한 행태가 예상되는 야간 도시공원 이용자에 대한 깊이 있는 연구는 향후 도시공원 야간경관을 구축하는 데 효율적인 디자인 전개과정과 바람직한 결정에 있어 옳고 그름에 관한 통찰력과 보다 수준 높은 정서적 편의성과 심미적 만족감이 충족되는 공간을 창조하는 데 실증적 정보를 제공할 것으로 판단된다. 더불어 이를 위한 이용자 중심의 합리적이고 과학적인 설계방법이 요구된다.

2 국외 도시공원
조명디자인 기준

국제조명위원회 CIE Commission Internationale de l'Eclairage

국제조명위원회 지침 내용을 살펴보면 도시공간에서 보행을 위한 조명은 이용자가 바닥면의 페이빙과 장애물을 볼 수 있고, 상대 보행자의 우호적이거나 적대적인 행동을 판단하여 대처할 수 있는 충분한 시간을 가질 수 있는 밝기를 확보하여 편안함과 안전 속에서 편의시설을 즐길 수 있도록 하는 것이다.[48] 이 같은 이용자를 중심으로 한 도시공간 조명 기준이 〈표 5-5〉[49]와 같이 제시되어 있다.

내용을 살펴보면 공원과 같은 곳에서 조명된 초목의 색, 배치 조화, 형상들은 야간의 분위기를 형성하여 관찰자에게 즐거움을 주며, 디자인 과정에서 초목의 기하학적 형태와 밀집 정도를 이해하고 적합한 조명방법을 연출하여야 하고 녹지공간의 전체적 조명은 지양하며, 나무의 색채, 형태 또는 식생의 그룹 중 빛을 통해 무엇을 강조할 것인지 선택하여 조명기기 위치와 관찰 위치에 따른 글레어와 이미지 형태에 대해 다음 이미지와 같이 고려되어야 한다.

〈표 5-5〉 The environmental zone & Lighting requirements

• The environmental zone (CIE 150 : 2003. p.10)			
zone	Surrounding	Lighting Environment	Example
E1	Natural	Intrinsically dark	National parks or protected sites
E2	Rural	Low district brightness	Industrial or residential rural areas
E3	Suburb	Medium district brightness	Industrial or residential suburbs
E4	Urban	High district brightness	Town centers and commercial area

• Maximum values of vertical illuminance on properties (CIE 150 : 2003. p.10)		Environmental Zone			
Light Technical Parameter	Application Conditions	E1	E2	E3	E4
Illuminance in vertical plane (E_V)	Pre-curfew	2lux	5lux	10lux	25lux
	Post-curfew	0lux	1lux	2lux	5lux

• Lighting requirements for pedestrian (CIE 136-2000. p.16~20)				
walkways and paths		E_H ave	E_H min	Esc min
Parks in residential areas		5lux	2lux	2lux
City centre		10lux	5lux	3lux
Arcade and passageways		10lux	5lux	10lux
staircases and ramps		E_H ave	E_V min	
Staircases :	(a) on risers	-	> 20lux	
	(b) on treads	> 40lux	-	
Ramps		> 40lux	-	

또한 원거리에서 관찰 시에 조명된 식생은 배경으로 인지되어 각각
의 형태와 색상보다는 전체적 볼륨으로 지각되도록 하며, 근거리에서
는 개별적 형태가 지각되도록 계획하는 것이 중요하고 이때 적절한 조
명기기 선택은 다양한 효과를 연출할 수 있다.[50]

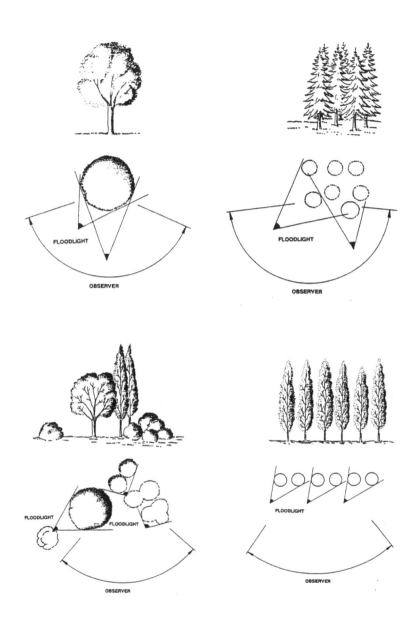

Arrangements for lighting 1 (출처 : CIE 94-1993, pp.45-48)

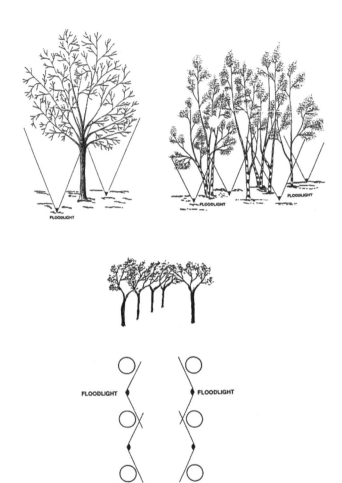

Arrangements for lighting an open group of trees.

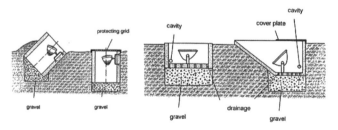

Arrangements for lighting 2 (출처 : CIE 94-1993, pp.45-48)

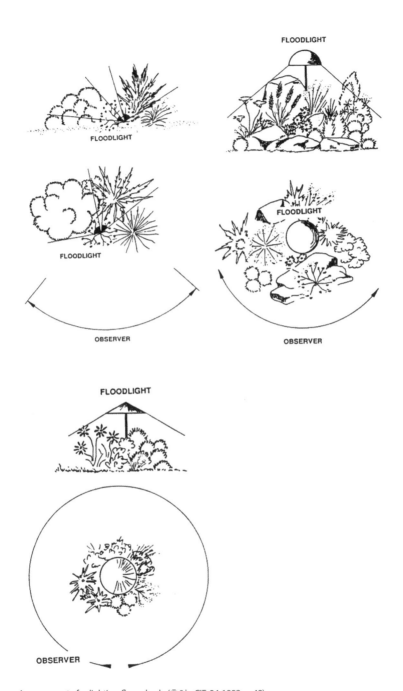

Arrangements for lighting flowerbeds (출처 : CIE 94-1993, p.48)

미국 IES^{Illuminating Engineering Society},
IESNA^{Illuminating Engineering Society North America}

미국에서 적극적으로 활용되고 있는 IESNA 지침 및 기준들을 살펴보면 공원과 거리 등에 설치된 공공 조명시스템은 도시 특성과 이미지를 규정하고, 이는 이용자 중심으로 그 기준이 제시되어 있으며, 다양한 빛의 레이어^{Layer of light}를 통해 새로운 공간을 창출하는 것이 중요하다.[51] 이는 공간과 이용자와의 관계에서 빛을 통해 다각적 접근을 강조하는 것으로 이해할 수 있으며 디자인과정에서 공원과 같은 공간은 〈표 5-6〉과 같은 사항들을 중심으로 계획해야 한다.[52]

그 내용을 살펴보면 산책과 휴식의 이용 목적이 주를 이루는 공공 공간인 공원에서는 빛이 비친 수직면들이 상대방 얼굴 인식과 식별을 가능하게 하여 불안감을 해소한다.[53] 이를 위한 기준은 산책길과 보도 표면은 최소 6lx(0.6fc)를 유지하고 산책길을 따라 설치된 조명기구 주변 10m 범위에서 조도 균일정도가 4:1 범위에 있도록 하며, 지면에서 1.5m 높이의 수직적 조도는 지면 위 수평면 조도와 같거나 그 이상이 되도록 한다. 또한 우범화와 그래피티 같은 오염 가능 예상지역은 바닥면 조도를 10lx(1fc) 이상으로 설정하고 평균조도와 최소조도의 비율을 4:1로 유지한다. 이와 더불어 수직적으로 조명된 공간들은 디자인적 측면에서 주요한 조형요소가 되고 산책길 주변 나무, 조경공간과 깨진 지형까지도 디자인과정을 통해 심미적 주제가 될 수 있다.[54]

IES지침을 살펴보면 야간활동 정도와 주변 전반조명 상황을 비롯한 작업 특성, 작업의 중요도, 이용자 특성 및 밀도에 따라 구체적인 조도기준을 제시하고 있다. 이 기준을 활용할 때는 조명구역을 설정하고 사람들의 행위 정도와 관찰자 연령 등을 고려하여 표면 반사율과 휘도, 이용자 암순응 정도를 바탕으로[55] 빛을 통해 강조되어야 할 부분들

〈표 5-6〉 야간 외부조명 구역정의 및 외부공간 조도기준

• Nighttime Outdoor Lighting Zone Definitions (IES 10th edition Table. 26.4)	
zone(Outdoor Lighting Situation)	Definition
LZ4 (High Ambient Lighting)	높은 빛수준에 적합한 거주자와 이용자의 활동이 있는 지역
LZ3 (Moderately High Ambient Lighting)	보통의 높은 빛수준에 적합한 거주자와 이용자 활동이 있는 지역
LZ2 (Moderately Ambient Lighting)	보통의 빛수준에 적합한 거주자와 이용자 활동이 있는 지역
LZ1 (Low Ambient Lighting)	조명이 동식물에 악영향을 미치거나 지역의 특성을 해할 가능성이 있는 지역
LZ0 (No Ambient Lighting)	자연 환경이 조명에 의해 심각하게 악영향을 받는 지역

〈표 5-7〉 Parks / IESNA lighting design guide

• Parks, Plazas and Pedestrian malls (출처 : IESNA, outdoor 3)	
Design issues	
Appearance of Space & Luminaires	◎
Color Appearance (& Color Contrast)	●
Direct glare	●
Light distribution on Surfaces	◎
Light pollution/ trespass	●
Modelling of faces or objects	●
Peripheral detection	●
Point(s) of interest	◎
Reflected glare	●
Shadows	●
Source / Task / Eye Geometry	●
Sparkle / Desirable reflected highlights	X
Surface charateristics	◎
Special considerations	X
Note on special considerations	X
Illuminance (Horizontal)	⊙
Category or Value (lux)(a,b)	B
Illuminance (Vertical)	●
Category or Value (lux)(a,b)	A

● : Very important, ⊙ : Important, ◎ : Somewhat important,
X : Not important or not applicable.

• Parks (IESNA, p.29-21)
산책길과 보도에서 지면은 최소 6lx(0.6fc)를 유지하며 산책길을 따라 조명기구로부터 모든 방면의 10m 범위에서 평균과 최소 조도의 균제도가 4:1 범위에 있도록 한다. 또한 지면에서 1.5m 높이의 수직적 조도는 적어도 지면 위의 수평 조도와 같게 설정되어야 한다.

• Walkway distant from roadways Type B Bikeway (IESNA, Fig. 22-10)		
Walkway and Bikeway Classification	Minimum Average Horizontal levels (Eavg)	Average Vertical levels for special pedestrian security (Eavg)
Walkways, bikeways, stairways	5	5
Pedestrian tunnels	43	54

을 규정하며 균제도를 고려한 수직적 조도와 수평적 조도 분포를 유지한다.

도시적, 문화적으로 주요한 장소들에 벽, 주요한 특징들, 조각물, 조경의 빛을 통해 강조하는 것이 중요하며, 광제어와 효율성보다 조명기구 스케일, 광도와 배광분포, 빛의 색과 조명기구 마감과 스타일, 인접한 건물과 조경의 조명효과가 조명디자인에서 더욱 주요한 요소가 됨을 강조하고 있다.[56]

미국의 지침을 살펴 본 결과 IESNA는 공간적 이해를 바탕으로 이용자 특징과 행태를 고려한 조명디자인 방법을 강조하고 있으며, 본서에서 살펴본 기준들 중 가장 최근에 제시된 IES의 지침에서는 주변 환경에 따른 조명 구역설정과 그에 따른 연령대별, 수직·수평의 조도기준, 표면의 반사율, 균제도, 공간의 기능과 이용자의 행위정도에 따라 세부적인 기준을 구체적으로 제시하고 있다.

〈표 5-9〉 야간 외부조명 구역정의 및 외부공간 조도기준

	• Exterior illuminance recommendation (IES 10th edition Table. 4.1)			
Table. 4.1	Recommended illuminance targets (lux)			Some Typical Application and Task Characteristics
	Visual Ages of Observers (years) where at least half are			
	<25	25 to 65	>65	
A	0.5	1	2	Dark adapted situations, Basic convenience situations, Very-low-activity situations
B	1	2	4	
C	2	4	8	Slow-paced situations, Low-density situations
D	3	5	12	Slow-to-moderate-paced situations Moderate-to-high-density situations
E	4	8	16	
F	5	10	20	Moderate-to-fast-paced situations High-density situations
G	7.5	15	30	
H	10	20	40	Congested and significant outdoor intersections,
I	15	30	60	important decision-points, gathering places, and key points of interest
J	20	40	80	
K	25	50	100	
L	37.5	75	150	
M	50	100	200	Some outdoor commerce situations
N	75	150	300	
O	100	200	400	

(exterior applications)

	Table. 34.2		Recommended Maintained illuminance Targets(lux)							Uniformity Targets over Area of Coverage		
			Horizontal (Eh) targets			Vertical (Ev) targets						
			Visual Ages of Observers (years) where at least half are			Visual Ages of Observers (years) where at least half are			1st ratio Eh/2nd ratio Ev if different uniformities apply		
			<25	25 to 65	>65		<25	25 to 65	>65	Max:Avg	Avg:Min	Max:Min
High Activity	LZ4	F	5	10	20	D	3	6	12	4:1	5:1	
	LZ3	E	4	8	16	C	2	4	8	4:1	5:1(10:1)	
	LZ2	D	3	6	12	B	1	2	4	4:1	5:1(10:1)	
	LZ1	C	2	4	8	B	1	2	4	4:1	5:1(10:1)	
	LZ0	B	1	1	2	A	0.5	1	2	4:1		
Medium Activity	LZ4	E	4	8	16	C	2	4	8	4:1	5:1	
	LZ3	D	3	6	12	B	1	2	4	4:1	5:1(10:1)	
	LZ2	C	2	4	8	B	1	2	4	4:1	5:1(10:1)	
	LZ1	B	1	1	2	A	0.5	1	2	4:1	5:1(10:1)	
	LZ0	A	0.5	1	2	-	0	0	0	4:1		
Low Activity	LZ4	D	3	6	12	B	1	2	4	4:1	5:1	
	LZ3	C	2	4	8	B	1	2	4	4:1	5:1(10:1)	
	LZ2	B	1	1	2	A	0.5	1	2	4:1	5:1(10:1)	
	LZ1	A	0.5	1	2	A	0.5	1	2	4:1	5:1(10:1)	
	LZ0	A	0.5	1	2	-	0	0	0	4:1		

* Urban central and waterfront parks는 Nighttime outdoor activity level이 medium에 해당
(IES 10th edition Table.22.4 참조)

영국 BS British Standard
CIBSE The Chartered Institution of Building Services Engineers의
SLL Society of Light and Lighting

영국 SLL의 지침에 따르면 공공 공간의 경관조명은 공간을 매력적이고 안전하게 만들어 야간활용 증진을 목표로 한다. 공간 활용 시 멀리

〈표 5-11〉 The limits recommendation for areas adjacent to footpath

• The limits recommendation for areas adjacent to the carriageway (Table16.4)

Environmental zone	Minimum maintained average horizontal illuminance(lx)	Minimum maintained horizontal illuminance(lx)
S1	15	5
S2	10	3
S3	7.5	1.5
S4	5	1
S5	3	0.6
S6	2	0.6

• Lighting classes for subsidiary road and associate areas, footpath and cycle tracks (Table 16.9)

crime rate	CRI	Low traffic flow/ E1 or E2	Normal traffic flow/ E1 or E2	Normal traffic flow/ E3 or E4	High traffic flow/ E1 or E2	High traffic flow/ E3 or E4
Low	<60	S5	S4	S3	S3	S2
Low	≥60	S6	S5	S4	S4	S3
Moderate	<60	S4	S3	S2	-	S1
Moderate	≥60	S3	S4	S3	-	S2
High	<60	S2	S2	S1	-	S1
High	≥60	S3	S3	S2	-	S2

• Illuminance recommendations for security lighting of public areas (bs 5489-1 (2009). SLL Lighting Handbook. p.248)

Application	Minimum maintained mean illuminance (lx)	Illuminance uniformity (minimum/average)	Note
public parks	10	0.25	BS 5489-1의 조도측정 방법

서 위험 요인에 대비할 수 있는 조명환경이 연출되어야 하며, 이는 일정 조도 유지, 균제도 확보, 현휘 제한, 적절한 광원의 배광분포가 요구된다. 공원은 공공의 즐거움과 휴식을 위한 곳이며, 위협의 가능성을 걱정하고 있다면 휴식을 취하기 어렵기 때문에 공원의 일정한 전반조명을 유지하여 주변의 것들을 명확하게 볼 수 있도록 한다.[57] 공공 편의 지역을 위한 조명방법 중 공원에 적용할 수 있는 것은 차량으로부터 보행자 안전을 확보해야 하며, 이용자의 반사회적 행동을 방지할 수 있도록 한다. 이 과정에서 조명디자인과 조명기기가 주변환경 및 건축물과 조화를 이루도록 하는 것이 중요하며 그 기준은 〈표 5-11〉과 같다.

공원의 조경공간은 어두움의 공간을 비교적 안전하고 편안하게 향유할 수 있도록 하며 조명기구와 광원을 통한 수목 연출은 극적인 시각적 효과 창출이 가능하다. 수목의 특징 및 형태 관계에서 특정 수목의 조명은 극적 효과를 창출하며 수목의 원거리 조망에서 투광조명을 통해 효과적인 배경으로 연출 가능하다.[58] 영국의 BS와 SLL의 기준 및 지침을 살펴본 결과 공원과 같은 공공 외부공간에 있어 이용자 안전성은 조명환경을 통해 강화할 필요성을 제기하고 있다.

일본 JIS Japanese Industrial Standards
IEIJ The Illuminating Engineering Institute of Japan

일본의 기준 및 지침을 살펴보면 야간 공원 조명은 그곳의 기능과 특성, 주변환경, 이용 형태와 이용자 행태 등을 고려하여 계획하는 것을 강조하고 있다. 야간에 폐쇄하여 이용하지 않는 공원이라면 자연환경 보전을 위해 필요한 빛의 최소량으로 조도를 제한하여야 한다.

야간에 개방되어 사람들이 이용하는 시설은 원로園路, 광장, 안내표지, 수경대상(화단, 초목, 숲, 기념조형물, 잔디밭, 수목, 못 등)을 조명하여 안전성을 확보함과 동시에 공원의 폭이나 넓이 등 공간 특성을 잘 알 수 있도록 한다. 안전성 확보는 어두움이나 사물의 그림자를 만들지 않는 것이 중요하며 조도 확보보다 오히려 초목 숲 등 어둡게 되기 쉬운 장소에 약간의 밝기를 부가하는 등의 배려가 필요하다.

공원의 조도는 주위환경(범죄의 위험성, 주위의 밝기 등)을 고려하여 공원의 기능, 성격 등을 바탕으로 〈표 5-12〉와 같은 JIS 조도기준을 참고하여 안전 확보에 필요한 수준을 설정한다. 규모가 큰 공원에서는

〈표 5-12〉 통로·광장 및 공원_JIS 조도기준
(출처 : JIS照度基準, JISZ9110 : 2010より 抜粋) www.gs-yuasa.com/gyl/jp/.../gs.../p104-111.pdf

영역, 작업, 또는 활동의 종류			유지 조도 Em(lx)	조도 균제도 U_0	야외 눈부심 제한 GRL	평균 연색평가수 Ra
보행자 교통	옥외	많은	20	-	50	20
		중간	10	-	50	20
		적은	5	-	55	20
	지하	많은	500	-	-	40
		중간	300	-	-	40
		적은	100	-	-	40
		아주 적은	50	-	-	40
위험 수준		높은	50	-	45	20
		중간	20	-	50	20
		낮은	10	-	50	-
		아주 낮은	5	-	55	-

주요 게이트, 간선 원로, 보조 원로, 배선 등을 계층적으로 위치시키고 2~3배 이상의 조명레벨 차가 생기지 않도록 한다. 유도나 연출대상 조도는 그 주변과 균형을 고려하여 기본 레벨의 2~10배 범위로 설정한다.[59] 이와 같이 일본 조명학회의 공원조명 지침은 공원의 공간적 특성에 대한 이해와 공원의 주요 통행로와 보조 통행공간, 식재공간 등의 위계를 강조하고 있다.[60]

국내외 기준 분석을 통한 문제제기

국내 KS A 3011의 조도기준 해설에 따르면 각국의 조도기준은 작업 장소에 따른 분류와 작업 종류에 따른 분류로 구분된다. 작업 장소에 따른 분류는 그 기준을 이용하는 사람이 적용하기는 편리하나 내용이 방대하며, 작업 종류에 따른 분류는 규정은 간단하나 이용자 적용의 어려움이 있다고 제시되어 있다.[61] 앞서 조사한 국내외 기준 내용 구성은 상이하나 구체적 비교분석을 위해 〈표 5-13〉과 같이 정리하였다.

이들 지침 및 기준은 관점에 따라 강조하는 부분들이 다양하나, 조도 기준은 대체적으로 유사한 범위에 있다. 그러나 미국과 같이 세부적이고 구체적인 기준을 제시하거나 한국과 같이 광범위하고 모호하게 기술되어 있는 경우도 있었다. 각 지침 및 기준의 특징을 보면 조명디자인 개념이 먼저 발달한 국가의 기준은 공간계획에 대한 주체가 이용자이다.

도시공원과 같은 대규모 외부공간에서의 전체와 부분 공간들의 관계에 대해 빛을 통한 위계성과 영역성을 IEIJ에서 특히 강조하고 있으며, 이용자의 시인성과 접근성은 CIE에서, 안전성은 BS, SLL에서, 이용자의 상황과 행동 특성 그리고 공간적 상황들에 대한 총체적이며 세부적

〈표 5-13〉 공원과 보행공간에 해당하는 지침 및 기준의 비교

		CIE	IES, IESNA	BS, SLL	JIS, IEIJ	KS
	국가	국제	미국	영국	일본	한국
	구분	Pre-curfew, Post-curfew 구분	사람들 밀집정도와 활동성, 이용자 연령에 따른 구분	위험 요인에 따른 구분	활동정도와 위험요인에 따른 구분	일반 활동 유형에 따른 구분

공원

항목	CIE	IES, IESNA	BS, SLL	JIS, IEIJ	KS (전반)	KS (주된 장소)
공간 구분	주거지역 공원	공원 산책길	공공 공원	활동량 많은-보통-적은	전반	주된 장소
수평적 조도(lx)	$E_{H\,ave}$: 10 $E_{H\,min}$: 5	$E_{H\,min}$: 6	$E_{H\,min}$: 10	Em : 20-10-5	6-10-15	15-20-30
수직적 조도(lx)	$E_{SC\,min}$: 2	$E_v > 6$	-	-	-	
균제도	-	$E_{H\,ave}$: $E_{H\,min}$ 4 : 1 (광원 10m 인접지역)	0.25	-	-	
휘도	휘도비	휘도비	휘도비	휘도비		
연색성	-	-	-	Ra≥20		
색채	-	-	-	-		

보행공간·계단

항목	CIE	IES, IESNA	BS, SLL	JIS, IEIJ	KS
공간 구분	risers / treads	Urban central and waterfront parks	-	-	-
수평적 조도(lx)	계단 답판 : 40 이상	구역별: (연령 <25 / 25~65 / >65) LZ4: 4 / 8 / 16, LZ3: 3 / 6 / 12, LZ2: 2 / 4 / 8, LZ1: 1 / 1 / 2, LZ0: 0.5 / 1 / 2	E_{ave} : 30 E_{min} : 15	주위 밝기: 밝음 20, 중간 15, 어두움 10	-
수직적 조도(lx)	계단, 축 상판 : 20 이하	구역별: (연령 <25 / 25~65 / >65) LZ4: 2 / 4 / 8, LZ3: 1 / 2 / 4, LZ2: 1 / 2 / 4, LZ1: 0.5 / 1 / 2, LZ0: 0 / 0 / 0		주위 밝기: 밝음 20, 중간 15, 어두움 10	
균제도	-	Max:Avg 4:1, Avg:Min 5:1(10:1)	-	-	-
휘도	휘도비	휘도비	휘도비	휘도비	-
연색성	-	-	-	-	-
색채	-	-	-	-	-

인 지침들은 IES에서 제시하고 있음을 알 수 있다. 특히 IES의 기준에서는 이용자에 대한 지침이 매우 구체적이다. 여기서는 이용자의 연령대에 대한 세부적인 지침과 이용자들이 이용하는 공간에 대한 명확한 기준들이 제시되고 있다. 또한 지침에서도 이용자가 외부공간을 이동하면서 겪게 되는 여러 가지 상황들과 공간 특성에 따라서도 세심한 기준과 방향이 제시되어 있다.

그러나 국내 기준인 KS의 경우 다른 공간과의 관계나 이용자에 대한 내용은 없으며 가시성 확보를 위한 밝기만 제시되어 있다. 조명산업이 발달된 국가들의 지침 및 기준과 국내의 것을 비교해 본 결과 국내의 KS 조도기준은 단순한 밝기 확보에 대한 접근으로 이해된다. 공간과 이용자 행위의 관계성에 따른 세부적 조명방법에 대한 추가적 지침이 필요하다.

도시공원에 대한 중요성과 그 요구 수준이 다각화되었음에도 주변 도시공간 빛환경에 대한 이해와 이용자 행태에 대한 고려, 도시공원에 대한 공간적 탐색 없이 전반 6 – 10 – 15lx와 주된 장소 15 – 20 – 30lx의 두 가지 기준만 제시된 것은 우리 조명디자인과 산업의 후진적 단면을 보여주는 사례라 판단된다. 이와 같이 기준이 불명확하고 이용자 고려에 대한 항목이 없다면 공간의 이해와 공원 이용자가 배제된 조명 사업들이 앞으로도 진행될 것으로 우려된다.

도시공원 조명디자인 요소 제안

CIE와 IES, IESNA, BS와 CIBSE의 SLL, 그리고 JIS, IEIJ의 기준 및 지침들을 바탕으로 도시공원 경관조명과 관련된 조명디자인 요소를 추출하였다.

조도와 휘도, 배광과 광색 및 조명기구의 형태와 설치방법은 〈표 5-14〉에 따라 다양한 조명환경을 연출하여 그에 따른 조명디자인 요소에 대해 언급하고 있었다. 이와 같은 조명계획에 대한 항목들이 공간에 적용되어 다채로운 경관조명디자인으로 그곳을 이용하는 사람들에게 인지될 수 있다.

〈표 5-14〉 야간 도시공원의 물리적 조명환경 분석항목과 디자인 고려사항

구분		세부내용		비고
광원	조도	수평적 조도 E_h	기준 제시	야간 도시공원의 물리적 조명환경 분석항목
		수직적 조도(연직면 조도) E_v		
		균제도 Emin / E_{avg}, U_O		
	휘도	휘도분포 cd/m²		
		휘도대비 □ : □		
	연색성	연색성 Ra		
	색채	색온도 K		
		색채		
조명기구	조명 방법	배광 방향 및 방법에 따른 구분	지침 및 방향 제시	야간 도시공원의 디자인 고려사항
	조명기구 형태	공간 설치방법에 따른 구분		
	조명기구 설치위치	관찰자 시점과의 관계		
공간	공간 특성	공간기능, 이용유형	지침 구분 항목	
	주변과 관계	주변의 밝기, 위험 수준		
이용자	이용자 특성	이용자 연령, 활동유형		
	이용 정도	밀집도, 활동성		

6

도시공원 공간별 조명디자인

1 공간별 조명디자인

도시공원 조명디자인 고려사항

야간 도시공원 기본 계획 방향은 공간 규모와 기능에 따라 빛의 분포 정도를 설정하여 도시공원 내 개별 영역과 공간적 특성을 강화하고 공원의 장소적 특수성을 형성하는 것이 중요하다. 본 장에서는 도시공원의 공간별 조명디자인 계획 방법에 대한 구체적인 내용을 살펴보고자 한다.

도시공원 조명디자인 방향은 다음의 사항들을 바탕으로 수립될 필요성이 있다. 야간 공원은 공간의 물리적 환경에 대한 이해를 바탕으로 공간 이용자 행태를 빛을 통해 유도할 수 있도록 계획되어야 한다.

도시공원 조명계획 시 고려사항

ⓐ 조도기준 준용 : 안전성 및 시인성 확보

ⓑ 조화로운 밝기분포 : 균형 있는 시야확보와 어둠의 사각지대 방지

ⓒ 수직·수평적 조도의 통합 계획 : 이용자 동선 흐름에 따른 수평 조도와 시설물 연직면 조도를 통합 계획

파리의 오픈 스페이스(Jardins Grands Moulins Abbé Pierre)

ⓓ 휘도비 계획 : 공원에 공간감을 부여하고 행위를 판단할 수 있도록 휘도 대비 계획

ⓔ 균제도 확보 : 자연스러운 동선을 유도하기 위한 노면의 균제도 유지

ⓕ 색온도 계획 : 다양한 색온도 분포 계획을 통한 공간의 위계성 및 다양성 제시

ⓖ 연색성 계획 : 설치 미술품 및 식생의 고유색을 인지할 수 있도록 연색성 고려

ⓗ 공간기능 및 이용자 고려 :

- 주변 도시 야간경관의 맥락을 고려하여 야간 공원의 디자인 방향성 수립을 통한 공원의 장소성 및 정체성 확립
- 이용자 행태분석을 바탕으로 빛 계획을 통한 행태지원성 강화
- 공원 내 자연스러운 이동을 위한 공원 전체적 밝기분포의 연계성 계획
- 사계절에 따른 식생 형태 및 환경 변화를 고려한 조명계획
- 화장실과 같은 편의시설은 상시 최소조도 확보를 통한 안전감 강화
- 유동인구 분포와 행태패턴에 따라 계절별·요일별·시간대별 조명연출계획
- 기존 광원 교체 시 광원의 배광특성과 분포, 공간환경을 고려

도시공원에서 각 기능공간의 목적과 용도에 따라 적합한 조도수준과 휘도배치 그리고 조명방법을 통해 공원 성격에 맞는 빛공간 연출이 가능하다.

① 빛공해 관련
- 이용자 눈높이에서의 현휘 방지
- 동식물 생장에 빛침해가 최소화되도록 상향광 지양
- 컷오프^{cut-off}형 기구사용 권장
- 도로 인접지의 경우 운전자 눈부심 고려
- 확산형 조명기구 설치 시 디퓨저 등의 액세서리를 활용하여 빛공해 최소화
- 고효율 램프 및 유지관리 용이한 조명기구 사용

공원 진입공간
출입구 수직면의 적정 휘도를 배치하여 구성요소들의 연직면 조도를 확보한다.

도시공원의 다양한 공간들

진입로

도시공원의 진입로는 지역성을 기반으로 한 공원의 장소적 특성 인지와 접근성이 강화된 공간계획이 요구된다. 야간 조명계획에 있어 공원 입구는 이용자의 접근성을 지원하고 식별성을 높일 수 있도록 출입구 수직면의 적정 휘도를 설정하고 구성요소들의 연직면 조도를 확보하여 조화로운 빛분포를 연출한다. 이와 같은 적절한 밝기분포는 이용자들의 안전성과 쾌적성을 증진하며, 야간 유동인구 및 이용 형태를 변화시켜 공원 이용 패턴을 재구조화할 수 있다.

보행로

야간 보행공간에서 사람들의 이동 방향 및 활동 범위와 정도에 대한 판단은 노면의 수평적 밝기에 의해 결정되기도 하나 공간 구조물과 수목의 수직면 밝기에 영향을 크게 받는다.

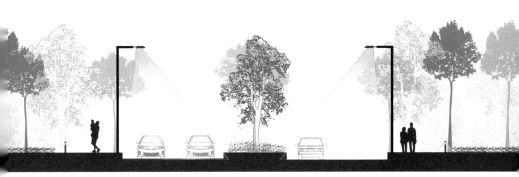

진입로에서 차로와 보행로가 인접할 경우
진입로에서 차로와 보행로가 인접할 경우 가로등은 경계석으로부터 일정거리(30cm)를 이격하여 보행자와 차량의 안전성을 강화한다. 차도의 경우 균제도를 유지하고 가로등의 보조시설물로 음영 이지지 않도록 한다. 자동차의 전조등의 불빛을 차단할 수 있는 방법이 함께 고려되어 시각적 불편함이 없도록 계획한다.

주변에 비해 휘도가 높은 수직적 요소들은 사람들이 움직임을 결정하는 지표가 되며 이러한 요소들의 적정 휘도분포와 휘도비는 사람들의 행태를 자연스럽게 유도하는 주요 요인이다. 보행로 조명계획에 있어 빛패턴의 밝고 어두움의 질서는 이동의 방향성을 인지 및 강화할 수 있다. 이는 수목이나 구조물 입면에 빛을 투사하여 공간의 수직적 위계를 형성하며, 야간 도시공원의 입체적 공간성을 강화하여 이용자의 행태를 지원하는 역할을 한다.

특히 야간 공공 공간에서는 마주 오는 사람을 인지하고 식별하기 위해 수직적 조도를 2lx 이상으로 설정하여 보행자의 불안감을 해소하고 안전성을 강화하는 것이 필수적이다. 현휘 방지 및 보행성 강화를 위해 컷오프 타입[i]의 가로등을 균형 있게 배치하여 바닥면 균제도 유지하거나, 바닥면에서 150cm 높이의 수평 조도가 6 – 10 – 15lx 수준을 유지하도록 한다.

공원 이용자의 밀집도와 유동인구에 따라 요구되는 밝기분포가 다르며, 계절에 따른 수형 변화로 빛분포가 달라질 수 있다는 것을 고려하여 조명기기를 배치해야 한다. 이때 바닥면 페이빙의 반사율을 고려하여 휘도계획을 진행하는 것이 중요하다. 공원 노면 페이빙 반사율에 대한 내용은 〈표 6-1〉과 같다.

공원과 같이 넓은 옥외공간의 경우 LED가로등처럼 직진성이 강하여 어두움의 사각지대를 유발할 가능성이 큰 광질의 광원보다는 고압나트

---

i)

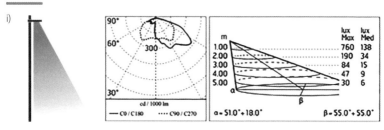

컷오프 타입 가로등의 배광곡선 예시

〈표 6-1〉 건축 재료의 반사율

구분	재료	반사율(%)	구분	재료	반사율(%)
건축 재료	벽토(백색) 타일(백색) 콘크리트 붉은 벽돌 화강암 함석 흙 아스팔트	60~80 60~80 25~40 10~30 20~30 20~30 10~20 10	목 재	노송나무(흰나무) 삼목판 삼목적색판 가문비나무 졸참나무	50~60 30~45 30 60 35
			유 리	투명(무색) 불투명유리 엷은 젖빛 유리 짙은 젖빛 유리	8~10 10~15 10~20 40~50
페인트	멜라민(백색) 라카(백색) 에나멜(백색) 페인트(백색) 페인트(흑색)	80~85 75~80 60~75 65~70 5~10	금 속	알루미늄(무광택) 구리(연마) 강철(연마)	55~65 55~60 55~65

륨램프와 같이 확산성이 우수해 높지 않은 조도수준으로도 광범위하게 시야를 확보할 가능성이 높은 광원 사용이 조도분포의 효율성 측면에서 적절하다. 그러나 환경적 요인과 경제성 측면에서 LED를 사용해야 한다면 넓은 옥외공간이 균형 있는 밝기분포를 유지할 수 있도록 배광범위를 면밀히 고려하여 조명기기를 배치할 필요가 있다.

가로등 설치와 같이 한 가지 형식으로 일원화된 조명계획보다는 의자나 공공구조물, 또는 볼라드에 조명을 부착하여 도시공원에서 각각의 요소들이 빛오브제로 인지하도록 계획하는 것은 야간 도시공원의 공간성을 강화한다. 가로등 중심의 한 가지 조명방법보다는 복수의 다양한 조명방법이 어우러진 조화로운 빛분포 계획이 효과적이다. 전반조도를 제공하는 가로등과 보조조명 역할을 하는 시설물 조명의 빛오브제 조화를 통해 더욱 풍부한 야간 도시공원이 연출될 수 있다. 이렇게 연출된 야간 도시공원은 이용자들의 다양한 야간 활동을 지원하고 정서적 만족감을 높일 것이다.

보행로의 조명디자인 방법

하향식(downlight type) 가로등 설치
비교적 균일하게 바닥면의 조도수준을 유지할 수 있다.

확산형(growy type) 가로등 설치
상대편의 보행자를 인지하기에 용이하다.

보행로 조명계획의 주요 고려사항

ⓐ 기준조도 확보_안전의 문제(수평적 밝기)

- 수평적 조도배치 : 하향식 가로등의 적절한 배치 간격으로 균일한 전반조도를 확보하여 바닥면의 균제도 유지로 산책로의 보행성 강화
- 수평면 휘도배치 : 바닥면의 일정한 휘도는 보행을 위한 공간 바닥면 고르기 확인 및 안전성 강화

공원시설물과 수목 투사 조명계획
공간을 입체적으로 투광하여 공간감을 강화할 수 있다.

볼라드를 활용하여 눈부심을 방지하고 다양한 공간연출 가능
눈높이 아래 조명을 통해 현휘를 방지하고 공간을 입체적으로 연출한다.

ⓑ 수직적 밝기의 중요성_보행성, 이동의 문제
- 수직면 휘도배치 : 수직적 요소의 휘도배치, 구조물 및 식생의 휘도분포와 대
  비를 통해 공간 이동의 방향성 인지 및 시각적 쾌적감 증진
- 수직적 조도배치 : 확산형 조명기구 사용하여 공간의 전반조도를 높여 수직
  적 조도기준 충족 가능. 수직적 조도수준을 높여 다른 공원 이용자의 식별성
  과 인지성을 제고하며, 전반조도를 2lx 이상 유지할 필요성이 있음

보행로의 조명디자인 방법

스텝라이트를 이용하여 보행성 강화

다양한 연출과 콘텐츠를 활용한 조명 계획

ⓒ 수직적 밝기와 수평적 밝기의 관계성
- 수평면 조도와 각 요소별 연직면 조도의 통합 계획
- 산책로 노면의 균제도 확보 및 보행자의 이동의 방향성을 인지할 수 있는 수직적 조도를 함께 고려
- 수직면 휘도와 수평적 조도의 관계는 수직적 휘도비와 수평적 조도의 균형, 수직 수평면의 조화로운 빛분포를 통해 공간의 입체적 질서를 형성 가능함

휴식공간

야간 공원에서 사람들은 밝은 곳에 앉아 휴식을 취하기보다는 본인
이 명확히 드러나지 않는 밝기의 위치에서 밝은 곳을 향하거나 주변
풍광의 밝고 어두움의 조화를 바라보며 앉아 휴식을 취하곤 한다. 주
변 옥외공간 계단식 데크나 의자에서 주변의 풍광을 바라보며 휴식을
취하고 있는 이용자들을 심심치 않게 볼 수 있다. 그렇게 야간에 휴식
을 취하는 사람들의 시야 범위에는 직접적인 광원이 없거나, 빛에 비
친 수직면을 바라보고 있는 경우가 대부분이다.

이는 도시공원의 휴식처는 자신이 앉아서 쉬는 지점의 밝기보다는
앉아서 바라보는 주변공간의 빛과 어두움의 관계가 심리적 안정감 측
면에서 더 중요하게 작용될 수 있다는 것을 의미한다. 다시 말해 최소
필요조도를 확보했다면 쉬는 지점의 조도분포보다는 조망 대상의 휘
도분포가 그 공간의 분위기와 심적 이미지를 결정하는 데 더욱 주요한
요인이 될 수 있다.

국내 야간 공공 공간은 KS산업규격에서 야간 옥외공간의 이용 정도
나 목적에 따라 조도기준을 제시하고 있다. 이러한 조도기준은 공간
활용 기능성과 안전감 확보에는 큰 영향을 미치지만 조형성과 심미성
측면과는 밀접한 인과관계를 설명하기에는 부족한 부분들이 있다.

미국 시카고 리버워크의 사례와 같이 휴식공간은 6-10-15lx의 조

미국 시카고 리버워크(Chicago Riverwalk)

도수준과 2800~3000K 정도의 색온도 범위의 빛환경 연출이 적절하다. 조명방법은 광원이 직접적으로 이용자 시야 범위에 있는 하향식 가로등 투사의 직접조명보다는 식생 혹은 구조시설물에 비춰진 간접조명의 부드러운 빛분포로 경관을 바라보도록 계획할 필요가 있다.

휴식을 취하는 사람이 주변 경관을 눈부심이 없는 빛분포를 지각할 수 있도록 계획한다면 이용자에게 정서적 안정감과 심미적 쾌적감을 제공하여 휴식을 취하는 행태의 지원성을 높일 것이다. 아울러 휴식 행태를 지원하는 조명환경은 쉬는 사람에게 무엇을 보게 할 것인지에 대하여 야간경관 연출의 초점이 맞추어져야 한다.

도시공원 휴식공간의 조명방법

수직 수평면 휘도분포의 조화를 고려하여 이용자 시각범위에 광원 위치를 피하여 시각적 쾌적감 확보

수목 및 녹지공간

수목 및 녹지공간에서는 사계절 변화에 따른 식생 형태 변화를 고려하여 조명기구를 설치한다. 수목 생장에 빛침해가 최소화되도록 하며, 수목의 형태 및 다양한 색재 조합과 군집형태, 수목 생장 패턴을 고려한 조명계획이 진행되어야 한다.

대규모 녹지공간에서 빛의 밝기 정도와 조광방법에 따라 야간 도시공원의 위계가 형성되고 공원의 공간구조가 쉽게 인지될 수 있도록 밝고 어두움의 관계성에 대한 마스터 플랜을 수립할 필요가 있다.

수목에 둘러싸인 산책로에서 선형공간의 연속성과 이동의 방향성 인지가 쉽도록 계획되어야 한다. 사람들이 공원에서 이동할 때 나무에 비친 빛이나 구조물 밝기의 휘도비 정도에 따라 활동의 범위와 정도를 정하곤 한다. 이러한 녹지공간의 수평적 수직적 휘도 관계는 공원 내 세부

계절에 따른 수목의 형태 및 생장 특성을 고려한 조명계획

수목 계절 변화에 따른 수형 변화

관찰자 시각과 조사각의 관계

수목의 형태에 대한 고려

다양한 식재조합과 군집상황에 대한 고려

수목 및 녹지공간에서 조명디자인 방법

가로등을 이용한 조명설치

다양한 조명방법의 볼라드 활용

문라이트(moon light)와 지중등(buried-up light)을 이용한 조명방법

공간들의 공간성을 강화하고 입체적으로 인지할 수 있도록 한다.

수목 및 녹지 공간계획 시 주요 고려사항을 살펴보면 수목의 경우 계절에 따라 생장하면서 다양한 수형을 이루므로 그 형태 변화에 대한 고려가 필수적이다. 특히 여름의 경우 풍성한 나뭇잎으로 인해 그림자가 생겨 보행로에 기준조도를 충족하지 못하거나 지중 매입등이나 지중 투광기 역시 나무의 그림자들로 그 역할을 하지 못하는 경우가 많

점조명과 면조명의 활용사례

바닥포인트 조명과 스텝라이트를 활용한 조명사례

다. 또한 관찰자 시야 범위와 조사각의 관계, 식재조합과 군집상황에
따른 조명계획도 면밀하게 계획되어야 한다.

수목 및 녹지공간 조명계획에 있어 주요 고려사항

ⓐ 자연식생을 고려한 조명계획

- 야간 인공조명으로 인해 자연환경에 부정적인 영향을 미치지 않도록 조명
  설치 최소화
- 동물, 식물 및 생태계에 부정적인 영향을 미치지 않도록 조명 설치 시 배광
  제어 및 상향광 억제
- 색상변환 및 움직임 지양

ⓑ 사계절 변화에 따른 녹지환경의 변화

- 사계절 변화에 따른 녹지의 생태환경 변화를 고려

ⓒ 녹지공간에서 사람에 대한 고려

- 유동인구 분포에 따른 유연한 조도분포 계획
  - 유동인구 거의 없는 지역 2lx 이하
  - 유동인구가 있는 지역 6lx
  - 유동인구가 많은 지역 6~15lx
  - 밀집도가 높은 구역 15~30lx
- 발광표면 휘도 최댓값 0~20cd/m², 평균값 0~5cd/m²를 유지
- 컷오프$^{cut-off}$형 기구 적용 권장 및 적정 배광 분포 배치

ⓓ 유지보수 및 관리

- 기존 메탈할라이드와 고압나트륨 램프를 LED조명으로 교체 시 공간 특성과 배광분포에 대한 깊이 있는 고려 필요
- 침수가 우려되는 곳은 IP67 이상 적용
- 고효율 램프 사용으로 기구 수량 및 소비전력 최소화
- 유지관리가 용이한 기구 및 램프 적용

수공간

도시공원의 수공간은 녹지공간과 더불어 자연에서 얻을 수 있는 정서순화와 치유의 기능을 극대화할 수 있는 공간이다. 특히 야간에 물과 빛의 만남은 경관적 효과를 다채롭게 창조하여 심미성을 강화하고 다양한 공간으로 활용될 수 있다. 야간 수공간은 빛을 통해 다양한 콘텐츠를 구성하여 주간과 또 다른 이야기를 전개하는 특별한 공간경험을 창조할 수 있다.

관상형 수경시설_기하학적 형
수공간 측면부 외곽라인에 간접조명을 통해 은은하게 수공간을 투사하거나 측면부 외곽라인에 점
조명을 통한 빛패턴으로 공간의 역동성을 강조

관상형 수경시설_생태형
가로등 또는 주변 수목 및 시설들을 이용한 투광조명으로 은은하게 수공간의 기준 밝기를 형성하여
안전조도 확보

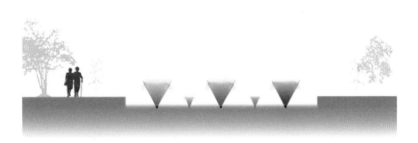

체험형 수경시설_콘텐츠 전개
프로젝션 조명 및 조명콘텐츠로 즐길거리를 제공

수공간의 조명계획

ⓐ 물과 빛의 조합에 의한 극적 효과

 • 수변공간의 공간적 특성을 극대화하여 물과 빛의 만남을 극적으로 연출

 • 수공간의 연출과 콘텐츠에 따른 다양한 조명연출 프로그램을 개발하여 사람

  들에게 또다른 경험의 장을 제공

 • 물과 빛의 조합에 조명효과 극대화 방안 마련

ⓑ 수공간의 형태와 활용 목적에 따른 조명환경 계획

 • 다양한 수공간의 형상과 수변공간의 디자인 안에 적합한 조명계획

 • 관상형 수공간과 체험형 수공간의 공간적 성격을 구분하여 이용 행태에 적

  합한 조명계획

ⓒ 수공간 주변의 생물을 고려한 조명계획

 • 조도기준을 준용하여 이용자의 안전성 및 인지성 확보

 • 조화로운 빛분포로 시야 확보 및 어두움의 사각지대 방지하여 우범화 예방

ⓓ 유지보수 및 관리

 • 다양한 생물에 빛침해 방지 고려, 이용자 현휘방지

운동공간

 운동을 위한 밤의 도시공원 모습은 역동적 활동에 적합한 밝기수준과 고른 바닥면의 균제도가 중요하며 하향식 가로등 설치가 적합하다. 빠르게 걷기나 가볍게 달리기와 같이 공원에서 일반적으로 행해지는 운동은 환형의 공간에 15~30lx, 3000~4000K의 색온도 조명환경에 고른 바닥면 밝기를 유지하는 환형의 공간이 운동성을 강화하는 조건이 된다.

 달리기와 같이 속도감 있는 운동은 특히 균제도가 유지되어야 하며 필요 밝기도 상대적으로 높은 조도수준이 요구된다. 이런 운동 종류

선형의 운동공간

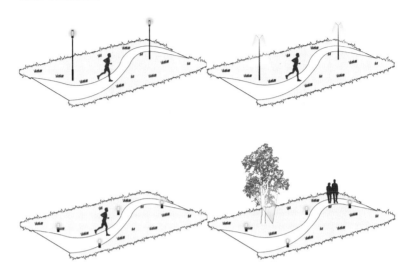

빠르게 걷기 및 가볍게 달리기와 같은 운동을 위한 공간은 15~30lx의 3000K의 조명환경에 고른 바닥면의 밝기를 유지하는 환형의 공간이 효과적이다.

의 지원성을 높이기 위해서는 옥외공간 조명환경이 수직·수평적 밝기 차원으로 계획되어야 한다. 빠르게 걷기와 가볍게 달리기를 위한 공간은 광원 자체의 빛효과보다는 광원에 의한 수직 수평면의 밝기의 차이와 조화에 의한 만족감이 높으며, 현재 이용자가 위치해 있는 곳의 바닥면 조도분포와 이용자 움직임의 방향성 혹은 목적지 지점들이 될 수 있는 곳의 수직면을 밝혀 이용자의 접근과 이동을 돕는 것이 적절한 조명 방법이다.

야간 공원은 공간배치와 조명설치 특성상 수평적 조도분포 요소가 지배적이기 때문에 조명된 수직적 요소들의 변화가 크게 지각되며, 이러한 조명된 요소들을 통해 심리적 공간 규모를 부여하여 행위의 가치를 판단하는 주요 요소가 된다.

면형 운동공간에서는 농구와 같은 더욱 활동적인 운동을 위한 공간은

면형 운동공간의 균제도

역동적인 운동을 위해서는 상대적으로 높은 조도수준인 30~500lx와 색온도 4000~6000K이 적절하며, 바닥면의 균제도가 요구된다. 또 우범화 방지를 위해 공간을 활용하지 않을 경우를 대비한 조형성을 고려한 조명계획이 함께 되어야 한다.

상대적으로 높은 조도수준인 30~500lx 범위에 색온도 4000~6000K, 바닥면의 균제도가 요구된다.

조도수준은 운동 종류와 참여자의 상황에 따라 다르다. 속도감 있고 활동적인 행위가 있는 공간은 바닥면의 고른 조도분포가 특히 중요하다. 전문 축구장은 수평면 조도 평균 1000~2500lx, 색온도 4200~6200K로 그 수준이 매우 높다.

이처럼 특정 운동을 목적으로 한 공간들은 활용되지 않는 시간대에는 주변 조도수준이 매우 낮아 우범화의 우려가 있으므로 운동장 주변에 평상시를 위한 별도의 조명설치가 요구된다. 그 예로 네트에 좁은 배광의 강조조명을 설치하여 네트의 밝고 어두움의 빛 리듬을 형성하여 심미성을 강화하는 것과 같이 미사용 시 조형성을 강조하는 것도 한 방법이라 할 수 있다.

기타 시설물

도시공원의 출입구, 광장 및 특화공간에 건축 옹벽 혹은 단차 적용 시 투광조명으로 입면의 심리적 밝기를 확보할 필요가 있다. 이러한 공원 구조시설물을 이용한 조명연출은 조도확보라는 기능적인 부분과 자칫 부가적 시설물로 인지될 수 있는 구조물을 조형적 요소로 승화시킬 수 있다. 옹벽에 조명을 부드럽게 투사시키고 그 앞부분의 수목이 식재되어 있다면 밝음의 배경ground과 어두움의 형상figure의 대비로 인한 다양한 시지각 요소로 인지될 수 있다. 더불어 이러한 조명 방안은 조화로운 빛분포로 시야확보 및 어두움의 사각지대를 방지하여 우범화 예방과 함께 필요 밝기를 확보할 수도 있다.

도시공원의 조명환경은 공간의 질서를 형성하여 그곳의 특성을 규정하고 이를 지각하는 이용자들의 행위 기준이 되어 사람들의 행태 패턴을 형성한다. 조명환경은 이용자들의 다양한 행위 범위와 폭넓은 활동 정도의 기준이 되어 공간적 특성으로 발현된다.

각 공간 기능과 목적에 따른 과학적이고 합리적인 분석과 실험을 통해 이용자의 신체 및 상황적 특수성과 공간 이용의 목적 및 활동 정도를 극대화할 수 있는 보다 세분화된 조명조건의 파악이 필요하다.

구조벽

① 주변 시설 조명설치를 통한
　심리적 밝기 확보

② 어두움의 사각지대 발생
　방지 및 안전감 강화

③ 주변 광원에 의한 그림자를
　방지하여 조화로운
　밝기분포 계획

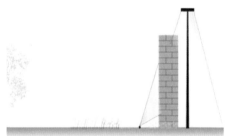

벽면 혹은 시설물의 휘도 확보를 통한 심리적 밝기 확보

밝음의 레이어 연출을 통한 공간감 강화

조경 가벽

월워싱 적용
건축옹벽 및 조경 가벽에 간접조명

스텝라이트 적용
리듬감 있는 빛패턴을 연출

브라켓 적용
방향성 및 심미성을 강화하는 스텝라이트 혹은 브라켓 사용한 연출

계단

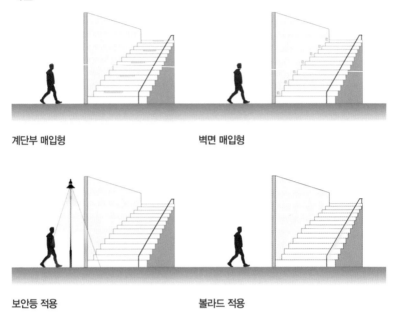

계단부 매입형

벽면 매입형

보안등 적용

볼라드 적용

구체적 조명계획 방법과 이를 용이하게 확인할 수 있는 체크 리스트
가 수반된다면 실무자와 디자이너를 꿈꾸는 학생들도 디자인 접근방법
에 대한 이해가 쉬울 것이다. 이에 다음 장에서 그 지침과 체크 리스트
를 기술하였다.

2 공간 유형별 조명디자인 체크 리스트

조명설계 체크 리스트

조명 관리기준과 그에 해당하는 공간들의 조명설계 체크 리스트는 다음과 같으며 조명디자인 실무 과정에서 적용할 수 있다.

옥외공간의 조도기준 및 빛방사 허용기준

구분	주요 계획 내용
대상	광장, 도시공원, 녹지, 유원지, 공공공지 등 크게 5개의 유형으로 분류, 「국토의 계획 및 이용에 관한 법률」 시행령 제2조 제1항 2호 공간시설의 분류 기준
심의대상	도시공원, 광장, 유원지

구분			설계기준 내용

<table>
<tr><td rowspan="9">설계기준</td><td colspan="3">조도</td></tr>
<tr><td colspan="3">KS A 3011 조도기준 준용</td></tr>
</table>

설계기준	조도	KS A 3011 조도기준 준용		

		구분	장소	권장조도(lx) (최저-표준-최고)
설계기준	조도	건물	입구	30 - 40 - 60
			통로	30 - 40 - 60
		공원	전반	6 - 10 - 15
			주된 장소	15 - 20 - 30
		정원	길, 집밖, 층계	6 -10 - 15
			강조한 나무, 꽃밭, 석조공원	30 - 40 - 60
			배경-관목, 나무, 담장	15 - 20 - 35
	색온도	2800-4000K		
	연색성	Ra > 85		

빛방사 허용기준: 「인공조명에 의한 빛공해 방지법」 시행규칙 제6조1항 관련 빛방사 허용기준 영 제2조 제1호의 조명기구에 의한 주거지 연직면 조도기준 준용

구분 측정기준	적용 시간	기준값	조명환경관리구역				단위
			제1종	제2종	제3종	제4종	
주거지 연직면 조도	해진 후 60분~ 해 뜨기 전 60분	최대 값	10 이하		25 이하		lx(lm/m²)

190

도시공원 (일반) 조명디자인 체크 리스트

체크 리스트 평가	반영(O)	부분반영(△)	미반영(X)	해당사항 없음(-)

구분	기본 지침	평가
빛의 분포	• KS 조도기준을 준용하여 보행자의 안전성 및 인지성 확보	
	• 조화로운 빛분포로 시야 확보 및 어두움·사각지대 방지하여 우범화 예방	
	• 이용자 행태를 고려한 계획으로 다양한 행위를 지원하는 조명환경 연출	
	• 보행로와 산책로의 경우 이용자의 자연스러운 이동을 위해 바닥면 균제도 확보	
	• 입구의 경우 이용자의 접근성과 식별성을 높일 수 있도록 수직면의 적정 휘도 확보	
	• 화장실의 경우 전력소모가 적은 LED조명으로 최소조도 확보를 통한 안전감 증진	
	• 이용자 동선 흐름에 따른 수평면 조도와 더불어 각 요소별 연직면 조도계획 수반	
	• 사계절에 따른 식생 형태 및 환경 변화를 고려한 조명계획	
	• 기존 메탈할라이드와 고압나트륨 램프를 LED조명으로 교체 시 공간 특성과 배광분포에 대한 깊이 있는 고려 필요	
빛공해 고려	• 이용자 눈높이에 현휘가 발생되지 않도록 계획	
	• 동식물의 생장에 피해가 최소화 되도록 상향배광 기구 적용 지양	
	• 컷오프cut-off형 기구 적용 권장 및 적정 배광 분포 배치	
	• 도로와 인접한 오픈스페이스 조명기구는 운전자에게 눈부심을 주지 않아야 함	
	• 확산형Glowy type 적용 시 액세서리 등을 적용하여 빛공해 유발 요소 최소화	
조명 기구	• 식물의 색 및 이용자 인지가 가능하도록 연색성이 우수한 램프 사용	
	• 색상 변환 및 움직임 지양	
	• 고효율 램프 사용으로 기구 수량 및 소비 전력 최소화	
유지관리 및 안전	• 이용자의 이용 빈도와 형태에 따라 계절별·요일별 연출 계획 제시	
	• 유지관리가 용이한 기구 및 램프 적용	

도시공원_녹지공간 조명디자인 체크 리스트

체크 리스트 평가	반영(O)	부분반영(△)	미반영(X)	해당사항 없음(-)

구분	기본 지침	평가
빛의 분포	• 야간 인공조명으로 인해 지연환경에 부정적인 영향을 미치지 않도록 조명설치 최소화	
	• 사계절 변화에 따른 녹지의 생태환경 변화를 고려한 조명 연출	
	• 유동인구 분포에 따른 유연한 조도분포 계획(유동인구 거의 없는 지역 2lx 이하, 유동인구가 있는 지역 6lx, 유동인구가 많은 지역 6~15lx)	
	• 장식조명의 밝기 : 발광표면 휘도_최대값 0~20cd/m², 평균값 0~5cd/m²	
	• 기존 메탈할라이드와 고압나트륨 램프를 LED조명으로 교체 시 공간 특성과 배광분포에 대한 깊이 있는 고려 필요	
빛공해 고려	• 동식물 및 생태계에 부정적인 영향을 미치지 않도록 조명 설치 시 배광 제어 및 상향광 억제 등을 고려하여 조명 환경 형성	
	• 컷오프cut-off형 기구 적용 권장 및 적정 배광 분포 배치	
	• 확산형Glowy type 적용 시 액세서리 등을 적용하여 빛공해 유발 요소 최소화	
조명 기구	• 식물의 색 및 이용자 인지가 가능하도록 연색성이 우수한 램프 사용	
	• 침수가 우려되는 곳은 IP67 이상 적용	
	• 색상 변환 및 움직임 지양	
	• 고효율 램프 사용으로 기구 수량 및 소비전력 최소화	
유지관리 및 안전	• 유지관리가 용이한 기구 및 램프 적용	

도시공원_수공간 조명디자인 체크 리스트

체크 리스트 평가	반영(O)	부분반영(△)	미반영(X)	해당사항 없음(-)

구분	기본 지침	평가
빛의 분포	• 수변공간의 공간적 특성을 극대화하여 물과 빛의 만남을 극적으로 연출	
	• KS 조도기준을 준용하여 보행자의 안전성 및 인지성 확보	
	• 조화로운 빛분포로 시야확보 및 어두움의 사각지대 방지하여 우범화 예방	
	• 지역민들이 야간 외부 행태 지원성 강화를 위해 운동, 산책, 휴식 등의 행태별 최적화된 빛환경 계획	
	• 지역민들이 자유로운 야간 활동이 유발되도록 빛패턴의 다양한 연출 및 공간적 표현	
	• 보행로 이용자의 자연스러운 이동을 위해 바닥면 균제도 확보	
	• 기존 메탈할라이드와 고압나트륨 램프를 LED조명으로 교체 시 공간 특성과 배광분포에 대한 깊이 있는 고려 필요	
빛공해 고려	• 이용자 눈높이에 현휘가 발생되지 않도록 계획	
	• 동식물의 생장에 피해가 최소화 되도록 상향배광 기구 적용을 지양	
	• 컷오프$^{cut-off}$형 기구 적용 권장 및 적정 배광 분포 배치	
조명 기구	• 색상변환 및 움직임 지양	
	• 침수가 우려되는 곳은 IP67 이상 적용	
	• CI의 색온도 및 휘도계획은 경관조명의 물리량 기준 내에서 적용	
	• 고효율 램프 사용으로 기구수량 및 소비전력 최소화	
유지관리 및 안전	• 이용자의 이용 빈도와 형태에 따라 계절별·요일별 연출 계획 제시	
	• 유지관리가 용이한 기구 및 램프 적용	

도시공원_상징 조형물 조명디자인 체크 리스트

체크 리스트 평가	반영(O)	부분반영(△)	미반영(X)	해당사항 없음(-)

구분	기본 지침	구분
빛의 분포	• 작가 의도와 조형물 형태를 반영하여 조명 설치	
	• 야간 도시공간에서 상징물의 빛 위계 고려	
	• 발광되는 상징물 설치시 주변 빛분포를 고려하여 휘도 배치	
빛공해 고려	• 보행자와 운전자에게 빛 침해가 없도록 계획	
	• 상징물 외에 누광이 최소화 되도록 계획	
조명 기구	• 고효율 램프 사용으로 소비전력을 최소화	
	• 조명기구 형태 및 설치방법, 색채는 주간과 야간에 주변 공간과 조화	
유지관리 및 안전	• 시간대별 연출 방안 필요	
	• 유지관리가 용이한 기구 및 램프 적용	

도시공원_도로, 보행로 조명디자인 체크 리스트

체크 리스트 평가	반영(O)	부분반영(△)	미반영(X)	해당사항 없음(-)

구분		기본 지침				평가
관리 대상		도로의 크기에 따라 광로 및 대로, 중로, 소로 (도시, 군계획시설의 결정, 구조 및 설치기준에 관한 규칙에 의거한 차도의 도로구분)로 분류(자동차 전용도로, 주간선도로, 보조간선도로, 국지도로, 도시시설물 중 가로등, 보안등 모두 포함) 보행자 전용도로, 자전거도로				
설계 기준	노면 휘도	KS A 3701 도로조명기준 적용				
	노면 조도	KS A 3701 보행자에 대한 도로조명기준 적용, KS C 7658 LED가로등 및 보안등에 대한 기준 적용				
	차선축 균제도	KS A 3701 도로조명기준에 의한 M1~M5 도로기준 적용				
	색온도	3000-4000K				
	침입광	조명환경관리구역에 따른 빛방사 허용기준 제시(10~25 lx) 도로 가로등의 주거지 침입광 방지기준				

구분		대상	광로 및 대로		중로		소로		평가
도로 관련 지침		대상	광로 : 폭 40m 이상 대로 : 폭 25~40m 미만		폭 12m 이상~ 폭 25m 미만		폭 12m 미만		
		배열	설치 높이	간격	설치 높이	간격	설치 높이	간격	
		마주보기 및 중앙배열	≥ 0.5W (폭)	≤ 3.0H (높이)	≥ 0.5W (폭)	≤ 3.0H (높이)	≥ 1.0W (폭)	≤ 3.0H (높이)	
			≥ 0.7W (폭)	≤ 3.5H (높이)	≥ 0.7W (폭)	≤ 3.5H (높이)	≥ 1.5W (폭)	≤ 3.5H (높이)	
			-	-	≥ 0.7W (폭)	≤ 3.0H (높이)	≥ 0.7W (폭)	≤ 3.0H (높이)	
		노면 평균휘도	1.0cd/m² 이상		1.0cd/m² 이상		0.75cd/m² 이상		
		종합 균제도	0.4cd/m² 이상		0.4cd/m² 이상		0.4cd/m² 이상		
		차선축 균제도	0.6cd/m² 이상		0.6cd/m² 이상		0.6cd/m² 이상		
		눈부심 기준	15cd/m² 이상		15cd/m² 이상		15cd/m² 이상		
보행로 빛의 분포		• 유동인구의 교통량 및 이용 패턴에 따른 조도분포 연출							
		• 보행자 전용도로는 앞에서 오는 사람을 인식할 수 있도록 최소 6lx 이상 유지							
		• 보행로와 자전로의 경우 균일한 조도분포로 이용자 이동의 흐름을 방해 받지 않도록 계획							
		• 보행로의 경우 바닥면의 휘도 확보와 같은 수평적 밝기와 동시에 움직임의 지표가 되는 수직적 조도 확보가 함께 계획되어야 함							
		• 보행로 주변 어두움의 사각지대를 방지하여 범죄발생의 여지가 없도록 계획							

7

야간
도시공원의
쟁점

1 안전한 빛·셉테드

도시조명과 안전성

야간 도시공간에서 효과적 조명환경을 연출하여 시지각적 안전성을 확보하고 도시민에게 심리적 안정감을 제공하여 야간활동의 편의성을 제공하는 것은 가장 주요한 도시조명의 역할이다.

조명환경과 안전의 관련성에 대한 실증적 연구는 꾸준히 발표되고 있다. 영국 글라스고우 주택가 런던 해머스미스 풀럼 구, 잉글랜드 북서부지역을 대상으로 한 조명환경과 범죄율과의 상관관계에 대한 데이터는 범죄율과 조명환경의 상관관계 및 조명환경의 중요성을 보여준다.[62]

이에 반해 영국 런던 39섹션 지역의 연구에서는 조명환경이 범죄에 대한 불안감 감소에는 영향을 미쳤으나 실제적 범죄 감소에는 효과를 미치지 못한 것으로 나타난다.[63]

조명환경과 범죄율과의 직접적인 연관성에 대해서는 보다 깊이 있는 연구가 요구되지만, 도시공간에서 어두운 골목길과 같은 적절하지 않

눈부심 정도에 의해 주변 환경에 대한 시야 확보 차이 사례
Crime Prevention Through Environmental Design (출처 : http://www.chandlerpd.com/wp-content/uploads/2010/12/CPTED-Handbook-v4-20170627.pdf)

은 빛환경은 보행자에게 불안의 주요 요인이 된다는 것은 누구나 느끼는 바이다. 도시공간의 우범화를 막고 불안감 해소를 위한 쾌적한 조명계획 등의 방안 마련이 필수적이다.

도시환경에서 적절한 밝기의 조명환경은 CPTED[Crime Prevention Through Environmental Design] 원리에서 가장 기본적인 적용 방법인 '자연적 감시' 역할과 더불어 그 지역의 자긍심 고취 및 비공식적 사회통제 효과가 있다.[64]

한국행정연구원의 「지역안심마을 사업결과보고서」에 따르면 범죄안전부문의 세부사업 중 조명 및 CCTV 설치가 가장 많으며, 그에 대한 주민들의 선호와 만족도 또한 가장 높게 나타난 것으로 조사되었다. 이는 조명환경과 무질서한 환경요소가 불안감 발생에 상당한 영향을 미친다는 것을 반증한다.

낮은 색온도의 조명환경과 적절하지 않은 가로등 설치 간격으로 인한 가로공간의 음영은 불안감을 증폭시킨다.[65] 이처럼 안전감과 조명환경은 밀접한 연관성이 있으며 단순히 밝은 조명환경이 아닌 적절한 공간 특성에 맞는 적절한 조명환경이 요구된다.

도시공간 특성에 적합하며 적절한 밝기와 배광분포, 색채 및 색온도, 연색성 적용에 대한 조명계획은 도시공간에서 안전감 확보 및 범죄예방디자인 방법론에서도 매우 필수적이고 기본적인 조건이 된다. 도시 옥외공간 조명디자인 과정에서 안전성의 문제는 가장 일차적으로 고려할 사항이다.

위의 사례와 같이 같은 광량의 가로등 아래 환경에서 광원의 글레어 정도에 따라 범죄를 예방할 수도 그렇지 않을 수도 있다. 이처럼 같은 속성을 가진 조명에서도 차양과 확산을 통한 조명환경 조성에 따라 그 공간적 효과는 매우 다름을 알 수 있으며, 이에 조명환경에 대한 계획과 지침은 지극히 필수적이다.

범죄예방디자인CPTED의 전개

범죄예방디자인의 의미 전개과정에 대해 간략하게 살펴보자. 1961 년 제인 제이콥스Jane Jacobs는 『위대한 미국 도시들의 죽음과 삶The Death and Life of Great American Cities』에서 거주자와 물리적 환경과의 상호작용, 이웃이나 도로의 활성화가 삶에 미치는 영향, 주거환경과 범죄와의 다양한 연관성과 같은 셉테드CPTED의 기초적 개념을 체계화했다. 이후 1971 년 레이 제프리Ray Jeffery가 『환경설계를 통한 범죄예방CPTED』이라는 저서에서 도시설계와 범죄와의 상관관계를 설명한 'Crime Prevention Through Environmental Design' 개념이 알려지게 되었다.

뉴맨Newman은 '방어공간defensible space'을 통해 '자연적 감시', '접근통제', '영역에 대한 관심'의 중요성을 설명하며 소유감이나 영역감의 부재가 범죄 발생의 원인이 될 수 있으며 건물 설계에 있어 물리적인 형태나 사용형태의 고려 필요성을 강조하였다. 이러한 뉴맨의 주장 이후 셉테드 학문 분야가 개척되었다.

이후 셉테드에 대해 범죄학, 건축학, 도시계획학 등의 전문가들에 의해 다양한 관점에서 물리적 환경과의 관련성과 그 효과에 대해 많은 연구가 이루어지고 있으며, 범죄로부터의 안전에서 장소 이용자의 안심으로 그 범위가 확대되고 있다.

> '환경설계를 통한 범죄예방(CPTED Crime Prevention Through Environmental Design)'은 적절한 건축설계나 도시계획 등을 통해 대상지역의 방어적 공간 특성을 높여 범죄가 발생할 기회를 줄이고 지역 주민들이 안전감을 느끼도록 하여 궁극적으로는 삶의 질을 향상시키는 종합적인 범죄예방 전략이다.

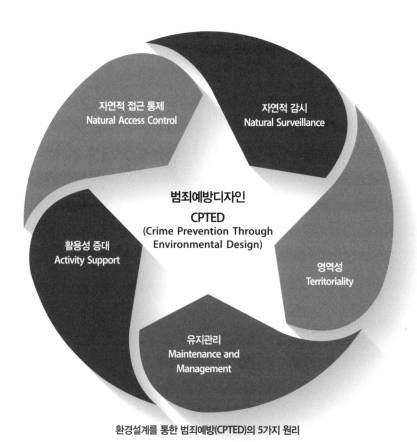

환경설계를 통한 범죄예방(CPTED)의 5가지 원리

이러한 셉테드에 대한 개념이 디자인 방안으로 국내에 도입되면서 그 개념이 활발히 적용되기 시작하였다. 그러나 국내에서 셉테드 적용은 공간적 이해와 장소, 지역에 대한 다각적 분석 없이 단편적이고 일률적으로 진행되는 경우가 대부분이다. 특히 범죄의 발생률이 가장 높은 야간의 경우 적절한 공간계획을 통해 우범화를 방지하고 안전감을 강화하는 야간 공간 조성이 요구된다. 단순히 기준조도 충족 여부를 판단하는 수준이 아닌, 공간에 있어 조명이 어떻게 적용되는지에 대한 면밀한 계획이 요구된다.

환경설계를 통한 범죄예방[CPTED]의 5가지 원리

1. 자연적 감시[Natural Surveillance]

자연적 감시란 가시권을 최대화시킬 수 있도록 건물이나 시설물 등을 배치하는 것이다. 자연적 감시는 침입자가 발생하였을 경우 쉽게 관찰할 수 있는 상태를 만들어 주민들이 이웃과 낯선 사람들의 활동을 쉽게 구분할 수 있고 범죄용의점이 있다고 판단될 경우 경찰에 신고하는 등 적절한 조치를 취할 수 있도록 하게 함으로써 범죄활동이 일어날 가능성을 감소시킬 수 있다. 특히, 야간에 가시성을 극대화하기 위해서는 주차 지역, 문이나 창문 등 빌딩의 출입구, 보행로와 도로, 정원 벤치 등에 적절한 조명을 설치해야 자연적 감시가 가능하다.

2. 자연적 접근 통제[Natural Access Control]

자연적 접근 통제란 사람들을 도로, 보행로, 조경, 문 등을 통해 일정한 공간으로 유도함과 동시에 허가받지 않은 사람들의 진·출입을 차단하여 범죄목표물에 대한 접근을 어렵게 만들고 범죄행동의 노출 위험을 증가시켜 범죄를 예방하는 것을 말한다. 영역성은 공·사 공간을 구별하고 대지의 경계선을 나타내는 기능을 가지고 있으며, 이를 위해서 울타리, 표지판, 조경, 조명, 도로포장 설계 등과 같은 소유권을 표현하는 물리적 특징을 사용한다. 해당영역에서 활동하거나 그 영역을 사용하는 사람은 영역에 대한 통제에 긍정적인 반면 잠재적 범죄자는 이러한 통제를 인식함으로써 범죄를 저지르고자 하는 마음이 감소되게 된다.

3. 영역성Territoriality

영역성이란 어떤 지역에 대해 지역주민들이 자유롭게 사용하거나 점유함으로써 그들의 권리를 주장할 수 있는 가상의 영역을 말한다. 영역성은 실질적이거나 가상적인 경계를 만들어 해당 지역에 대한 정당한 이용자와 그렇지 못한 사람들을 구별하고 지역주민들 간에는 공감대를 형성하여 지역공동체를 만들어 낼 수 있다.

4. 활용성 증대Activity Support

활용성 증대란 공공장소에 대한 일반시민들의 활발한 사용을 유도하고 자극함으로써 그들의 눈에 의한 자연스런 감시를 강화하여 인근 지역의 범죄위험을 감소시키고 주민들로 하여금 안전감을 느끼도록 하는 것이다. 공원·도심지·광장과 같이 다양한 사람들이 사용하는 곳은 청소년·노인과 같은 어느 한 계층의 사람들만이 전용하는 것보다는 가족·성인·지역주민들이 시간대별·지역별로 공동 사용이 가능하도록 놀이시설·휴게시설 등을 보강하거 나 공연회·친목회 등 다양한 행사가 개최될 수 있도록 조성해야 한다.

5. 유지관리Maintenance and Management

자연유지 관리란 어떤 시설물이나 공공장소를 처음 설계된 대로 지속적으로 이용될 수 있도록 잘 관리하는 것을 말하며, 이는 사용자의 일탈행동을 자제시킴으로써 범죄를 예방하는 효과가 있다. 황폐화되거나 버려진 듯 한 인상을 주는 공공장소는 사용자에 의한 통제나 관심부족을 표시함으로써 무질서와 범죄발생 가능성이 높은 장소로 전락될 수 있다. 범죄자를 유혹하는 물건을 없애고 정원을 말끔히 정비하고 쓰레기를 방치하지 않고 집과 창고 등은 깨끗이 수리하는 등 적절한 유지관리가 필요하다. 지역 내 범죄에 대해서 철저하게 관리 및 통제를 하고 있다는 보다 가시적인 인상을 주기 위해 아래와 같은 형태의 '범죄감시 지역'이라는 표지판을 통해 범죄예방을 위한 광고 효과를 가져올 수 있다.

출처 : 경찰청 자료

범죄예방디자인^{CPTED} 가이드라인에 있어서의 조명환경

조명시설물은 야간 안전을 위해서 중요한 요소이며, 특히 야간 가시 범위 확대를 통한 자연 감시기능 강화와 밀접하게 연관되어 있다. 조명계획에서 적용하는 범죄예방 실천전략은 자연적 감시이다.[66] 자연적 감시는 적절한 조도분포, 눈부심 방지, 조화로운 배광분포를 통한 어두움의 사각지대를 방지하여 가시범위를 확보하는 것으로 이해할 수 있다.

미국 보스턴 공동주택 근린공원
보스턴 주택가에 위치한 공원으로 안전성 강화를 위해 고휘도의 투광기를 공원 전체로 투사하여 기준 조도수준을 높여 안전감을 확보하였다.

〈표 7-1〉은 국내 셉테드 가이드라인 중 도시공원에 적용 가능한 내용을 발췌했다. ① 법령의 경우 법령의 특성상 구체적인 내용보다는 공간계획에서 범죄예방의 기준 준수의 필요와 범죄예방 계획의 중요성 등이 기술되어 있었다. 그러나 「인공조명에 의한 빛공해 방지법」과 서로 내용이 대치되어 실제 적용이 어려운 부분이 발생될 수 있어, 같은 공간에 서로 다른 법령의 상이한 내용으로 적용이 어려울 때 해결할 수 있는 방안이 요구된다. ② 국내 범죄예방 관련된 자치법규(조례)는 228개로 각 지방자치단계에서 셉테드 관련 조례제정에 매우 적극적이나, 각 지자체 규모와 역할에 따라 그 지역의 특수성과 다양성이 반영된 보다 구체적인 내용이 요구된다. ③ 행정규칙과 국가표준에 있어 보다 구체적이고 체계성 있는 야간공간과 조명환경과의 관계성, 그리고 그 속에서 활동하는 사람들과의 관계가 반영된 명확하고 이해하기 쉬운 내용이 요구되는 것으로 판단된다. 국가표준의 경우 공간적 이해와 공간의 특성은 잘 반영되어 기술되어 있으나 국가표준으로 이해하고 적용하기에는 그 서술 방법이 매우 모호하며 조명환경에 대한 표준은 그 내용이 부족하다.

범죄예방디자인 가이드라인을 살펴보기 위해 영국, 네덜란드, 호주, 뉴질랜드, 미국 및 싱가포르 정부에서 발간한 지침을 대상으로 하였다. 이 중 가이드라인은 대상국가의 경찰국과 중앙정부에서 작성한 것을 대상으로 하였다.

분석내용은 조명환경의 개념 혹은 방향성, 공간이해·인지, 밝기분포, 색채, 빛공해, 효율성 및 관리, 주변과 관계로 구분했으며, 이는 조사대상 가이드라인의 공통된 내용을 포괄하는 요소들을 추출하였다. 셉테드 개념의 가장 중요한 요소인 자연적 감시의 개념이 적용 가능한 충분한 조명은 사람을 관찰하거나 관찰될 수 있는 필수요소로, 범죄의 두려움을 감소시키는 실질적인 역할을 한다.

〈표 7-1〉 실무자를 위한 범죄예방 환경설계(133 부분 발췌)

구분	내용	비고
국토 교통부 가이드 라인	(제8조 제1항) 출입구, 대지경계로부터 건축물 출입구까지 이르는 진입로 및 표지판에는 충분한 조명시설을 계획하여야 한다(제8조 제2항). 보행자의 통행이 많은 구역은 사물의 식별이 쉽도록 적정하게 조명을 설치해야 한다(제8조 제3항). 조명은 색채의 표현과 구분이 가능한 것을 사용하고, 빛이 제공되는 범위와 각도를 조정하여 눈부심 현상을 줄여야 한다.	공통 기준
경찰청 지침	조명은 건설교통부의 도로안전시설 및 관리지침의 조명시설을 따르되 범죄예방을 위하여 다음과 같이 설치한다. ① 보행자의 통행이 많은 지역은 사물에 대한 인식을 쉽게 하기 위하여 눈부심 방지glare-free 보행자등燈을 사용하고 조명의 종류는 색채의 표현과 구분이 가능한 것을 사용해야 한다. ② 조명은 균일성이 유지되고 명암의 차이가 적도록 설치되어야 한다. ③ 높은 조도의 조명을 적게 설치하는 것보다 낮은 조도의 조명을 많이 설치하여 그림자가 생기지 않도록 하고 과도한 눈부심을 줄여야 한다. ④ 차도와 보행로가 함께 있는 도로에는 반드시 보행자등을 설치해야 한다. ⑤ 사용되지 않는 장소, 고립된 장소 등은 조명을 밝히지 않아야 한다. ⑥ 유입 공간, 표지판, 입구와 출구는 조명을 충분히 밝혀 사람들을 인도하여야 한다. ⑦ 그늘진 곳, 움푹 들어간 곳, 보이지 않는 곳에는 조명의 연결이 끊기지 않도록 해야 한다. ⑧ 조명의 효율성을 높이기 위해 가능한 지면만을 비추도록 설계한다.	제9조 (일반 기준)
	① 공원 특징을 살릴 수 있는 상징적인 배치를 하되 적정한 조도를 유지하여 안전감을 높여야 한다. ② 산책로 주변에는 유도등이나 보행등을 설치하여 공원을 이용하는 사람들의 불안감을 감소시켜야 한다. ③ 나무의 가지 등 조경요소에 의하여 조명시설이 가리지 않도록 배치하고 관리해야 한다. ④ 공원입구, 통로, 표지판은 충분한 조명을 설치하여 야간에도 쉽게 보이도록 하여야 한다.	13조 (공원 지역의 조명 기준)
서울시 가이드 라인	출입구 주변에는 직접 조명을 설치한다 골목길에는 보행자를 위한 조명을 설치한다.	일반 기준

옥외공간 기준 밝기에 대하여 캐나다표준협회Canadian Standards Association 에서 설정한 4lx는 15미터 거리에서 사람의 얼굴 식별 가능함을 기준으로 제시하였고,[67] 미국은 100(30m)피트에서 인종, 얼굴 특징, 옷 색상 식별을 기준으로 하였다. 네덜란드는 4m에서 식별, 싱가포르는

〈표 7-2〉 범죄예방환경디자인 관련 가이드라인 분석(조명부분)

구분	내용	영국	네덜란드	호주	뉴질랜드	미국	싱가포르	대한민국 경찰청	대한민국 국토해양부
개념	좋은 조명의 방향성, 목적 제시 조명의 질과 범죄 발생의 관계	●	●		●				
공간이해·인지	공간특성 강화/공간 특징과 조명	●		●	●			●	
	주변도시공간과맥락,지역성표현				●	●			
	영역 부여(인도/차도)	●						●	
	공간이동의 방향성 제시			●	●		●	●	●
	미적 제고를 통한 자긍심								
	야간의 자연적 감시				●		●	●	
	무조명을 통한 접근 방지				●		●		
	머무르는 시간, 속도	●							
	정보 전달(사인물 등 식별)			●					
밝기분포	조도기준 제시	●				●		●	
	조화로운 밝기분포	●	●	●	●	●	●	●	
	균제도(조명 설치 간격)	●							
	연속성(조명 설치 간격)						●	●	
	과도한 밝기 대비 방지				●		●	●	●
	어두움의 사각지대 방지					●	●	●	●
색채	색채	●						●	●
	색온도	●						●	
	연색성	●					●		
빛공해	눈부심 방지	●			●	●	●	●	●
	수면 방해			●					
	고령자 고려				●				
효율성 및 관리	지속가능성(전력공급 및 연출)	●	●						
	에너지 효율성/광원 선택	●			●	●			
	조명 설치 방법	●		●	●	●	●	●	●
	효과적 광투사 방법, 디밍	●					●	●	
	수목생장에 따른 그림자 고려			●		●	●	●	
	기구 훼손(반달리즘)의 고려	●		●		●	●		
	파손 시 연락망/조명기구 청결 유지					●			
주변과관계	주변 범죄율을 고려한 밝기수준			●					
	보행/통행량을 고려한 밝기수준	●		●					
	조명 지역에 따른 밝기	●							
	재료/반사율	●		●			●	●	●
	기준, 표준 요건의 충족 여부	●		●	●				

10m의 거리에서 얼굴 식별을 기준으로 작성하였다. 이처럼 그 기준은 국가별 상황에 따라 다르지만 그 내용들은 일관되게 앞에서 다가오는 행인이 본인에게 범죄행위를 할지에 대한 판단과 그 자리를 피할 수 있는 거리확보 수준에서 밝기를 확보하는 것이 필요함을 주요 내용으로 제시하고 있다.

영국의 셉테드 관련 조명에 대한 지침「Lighting gainst crime_A Guide for Crime Reduction Professionals」은 전문가용으로 별도 제작되어 공간에 따른 좋은 조명, 배광분포, 빛의 색, 광공해 에너지효율성으로 구분하여 매우 구체적으로 작성되어 있음을 알 수 있었다. 이러한 전문가를 위한 지침은 공간설계 과정에서 실효성 있는 가이드라인으로 그 역할을 할 수 있다. 또한 영국의 가이드라인 분석과정에서 조도와 색온도, 연색성, 눈부심에 대한 고려, 유지보수, 공간별 주요 고려사항과 설계방법에 있어 일반 도시공간에 대한 조명설계 내용과 거의 일치하며, 이를 통해 결국 셉테드 관점의 조명설계란 바람직한 조명계획의 방향성과 유사하다는 것을 확인할 수 있었다.

네덜란드의「Police Label Secured Housing」에서는 좋은 조명의 방향성 및 목적과 조화로운 밝기분포의 중요성 정도를 언급하는 매우 간략한 지침임을 확인할 수 있었다. 뉴질랜드의「National Guidelines for Crime Prevention through Environmental Design in New Zealand」에서는 네덜란드의 것과 유사하게 방향성을 제시하고 있으나 그 내용은 보다 구체적이고 명확하였다. 미국「Crime Prevention Through Environmental Design」은 다음과 같이 그림을 함께 첨부하여 이해하기 쉽고 구체적인 가이드라인을 제시하고 있었다.

가이드라인 내용은 조명디자이너 외에 일반 도시계획과 조경, 건축 디자이너들도 매우 정확하게 이해할 수 있을 것으로 판단되었다. 싱가포르의 경우 구체적인 가이드라인 내용과 더불어 체크 리스트를 작성

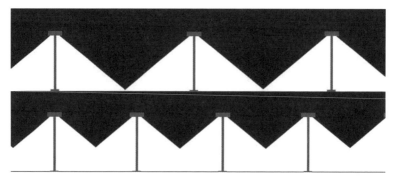

균제도와 고른 조도분포

(왼) 메탈할라이드와 (오른) 고압 나트륨   조명방법(직접조명)으로 가시성 확보
광원에 따른 가로등 아래에서 시인성 차이

미국 범죄예방디자인(Crime Prevention Through Environmental Design) 가이드라인에 제시된 조명환경에 대한 지침 사진
(출처 : http://www.chandlerpd.com/wp-content/uploads/2010/12/CPTED-Handbook-v4-20170627.pdf)

하여 실제 적용하는 데 용이성을 더하였다.

　마지막으로 대한민국의 경우 경찰청에서 작성된 야간 셉테드 지침은 해외의 가이드라인과 비교하여 구체적으로 기술되어 있는 편으로 이해할 수 있으나 대상 공간에 머무르는 시간과 속도, 균제도(조명 설치 간격), 연색성, 주변 범죄율을 고려한 밝기수준, 보행/통행량을 고려한 밝기수준, 조명구역에 따른 밝기, 조명기준 및 표준 요건의 충족 여부, 고령자와 주변 거주지의 빛공해, 지속 가능성(전력 공급 및 연출)에 대한 내용은 누락되어 있고, 이는 특히 주변 맥락과 공간, 지속 가능한 시스템에 대한 고려 부분이 보완될 필요성이 있다.

이렇게 절차의 실효성 있는 적용 방안 구축을 위해 해외의 기준 및 인증제도를 살펴볼 필요가 있다. 영국의 경우 '범죄와 무질서법 (CADA 1998)'을 통해 자치 단계 도시/건축에서 셉테드 적용을 의무화하고 있고, 호주는 뉴사우스 웨일즈주의 '환경계획평가법(Section79C of EPAA 1979)'에 근거하여 도시개발에 있어서 범죄 영향 평가를 법적 의무로 규정하고 있으며, 미국, 캐나다, 일본 등 많은 선진 국가에서 지방조례ordinance와 건축법을 통해 셉테드 표준이 규정되어 있다. 유럽에서는 EN 14383 시리즈를 통해 셉테드 기반 규격과 설계 가이드라인 표준을 제정 또는 개발해 왔으며, 호주에서는 Australian Risk Management Standard 4360 등을 통해서 범죄영향평가 및 셉테드를 지원하고 있다. 도시계획, 건축설계, 방범제품에 대한 인증제도를 통해 셉테드를 실천하고 있는 사례가 영국의 Secured By Design[SBD] 인증과 네덜란드의 Police Label 인증(제품 및 설계), 일본 아이치현의 방범모델단지 시범인증(2008) 등이다(KS A 8800, 2012).

이처럼 보다 실효성 있는 제도와 절차를 위해 앞서 셉테드 인증 시스템이 필요하며 더불어 인증을 위한 체크 리스트 개발이 필요하다. 이렇게 전문가들이 셉테드 기법을 적용하여 설계한 공간에 대해 일반인들도 쉽게 관리할 수 있는 제도 보완이 필요하다.

고휘도 조명으로 안전성이 강화된 브라이언트 파크(Bryant Park)

야간 도시공원에서 안전한 빛이란?

셉테드 조명환경의 가장 주요한 설계 방법이라고 할 수 있다. 빛을 통한 경관형성은 공간을 밝혀 자연적 감시natural surveillance가 가능하게 하는 조도 확보의 역할을 한다. 더불어 영역성territoriality, 활용성 증대activity support, 유지관리maintenance and management 등을 통해 자긍심을 강화하고 야간 공간의 긍극적 도시 이미지를 제고함으로써 범죄발생과 두려움을 감소시키는 역할을 한다. 이는 셉테드의 기본 개념과 같은 맥락이다.

오랫동안 밤에는 불안과 범죄의 장소로 여겨지던 뉴욕의 브라이언트 파크는 1980년대 이후 다양한 프로그램 개발과 시민들의 접근성을 높이는 공원 활성화 계획을 통해 현재는 세계에서 가장 활성화된 공원으로 인식되고 있다. 특별한 행사가 없는 야간에도 주변 고층빌딩의 고휘도 투광기를 이용해 공원을 전체적으로 비추어 사각지대가 발생하지 않도록 계획하여 어디서나 공원 전체적으로 자연적 감시가 가능하도록 하였다.

브라이언트 파크에서 기준조도 확보를 통한 자연적 감시강화, 주변 오피스 종사자와 관광객의 쉼터 기능을 제공하는 녹색공간의 자연적 접근 통제와 영역성 형성, 다양한 문화프로그램과 의자를 이용한 쉴 장소 제공과 같은 활용성 증대, 공원관리 기관의 유지 관리와 같은 5가지 셉테드 원리를 여기서도 찾아볼 수 있다.

바람직한 조명계획을 통한 도시공간 구축은 공간의 위계와 정서적 편의를 제공하여 도시의 구조와 이미지를 재구조화한다. 빛을 통한 야간 도시공간의 공간적 질서를 부여하여 정돈되고 쾌적한 환경에서 야간 활동을 활발하게 할 수 있도록 하는 것이 가장 기본적 안전을 위한 야간 경관 설계라 할 수 있다.

셉테드 가이드라인 조사 과정에서 도시공원과 안전성에 대해 〈표 7-3〉과 같이 범죄예방환경디자인[CPTED] 가이드라인에 있어 조명계획 요소의 도출이 가능하다. 가이드라인 분석 대상은 영국, 네덜란드, 호주, 뉴질랜드, 미국 및 싱가포르 정부기관에서 발간한 지침이며, 조명 환경의 개념 혹은 방향성, 공간이해·인지, 밝기분포, 색채, 빛공해, 효율성 및 관리, 주변과 관계로 구분하였다. 분석 과정에서 셉테드 가이드라인에 있어 조명환경에 대한 항목은 다음과 같다.

각국의 지침 분석과정에서 영국의 경우 전문가용 지침을 별도로 제작하였고, 이는 일반 도시공간에 대한 조명설계 내용과 거의 일치하며, 결국 셉테드 관점의 조명설계란 바람직한 조명계획의 방향성과 유사하다는 것을 확인할 수 있었다.

도시계획, 건축설계, 방범제품에 대한 영국의 Secured By De-sign[SBD] 인증, 네덜란드의 Police Label 인증(제품 및 설계)과 같은 인증제도를 통해 효과적인 관리 체계와 셉테드를 실천하고 있었다. 우리도 전문가들이 셉테드 기법을 적용하여 설계한 공간에 대해 일반인들도 쉽게 관리할 수 있는 제도 보완이 필요하다.

조도 확보를 통한 시야 확보는 1차적으로 셉테드 이론에서 가장 일차적 원리인 감시[surveillance]와 접근통제 및 접근성 확보가 유지되고, 공간적 특성을 강화하여 새로운 공간을 형성하고 창조하는 공간성 개념 전개로 인해 영역성[territoriality], 활용성 증대[activity support]가 가능하다. 또한 빛환경 연출을 통한 도시공간의 심미성 강조는 장소성을 형성하여 인근 거주자들에게 그 지역의 자긍심을 고취시키고 소속감을 높여 적극적인 관리가 이루어지며, 이는 범죄예방디자인과 같은 효과가 나타난다. 즉 도시 오픈스페이스 조명계획에 있어 '안전'은 가장 주요하고 필수적 내용이어서 CPTED기법이라고 구분하는 것은 의미가 크지 않다.

〈표 7-3〉 범죄예방환경디자인^{CPTED} 가이드라인에 있어 조명계획 요소 도출

개념	① 좋은 조명의 방향성, 목적 제시 ② 조명의 질과 범죄발생의 관계
공간이해 공간인지	① 공간특성 강화/공간특징과 조명 ② 주변 도시공간과 맥락, 지역성 표현 ③ 영역부여(인도/차도) ④ 공간이동의 방향성 제시 ⑤ 미적 제고를 통한 자긍심 ⑥ 야간의 자연적 감시 ⑦ 무조명을 통한 접근방지 ⑧ 머무르는 시간, 속도 ⑨ 정보 전달(사인물 등 식별)
밝기분포	① 조도기준 제시 ② 조화로운 밝기분포 ③ 균제도(조명 설치 간격) ④ 연속성(조명 설치 간격) ⑤ 과도한 밝기 대비 방지 ⑥ 어두움의 사각지대 방지
색채	① 색채 ② 색온도 ③ 연색성
빛공해	① 눈부심 방지 ② 수면 방해 ③ 고령자 고려
효율성 및 관리	① 지속가능성(전력공급 및 연출) ② 에너지 효율성/광원 선택 ③ 조명 설치 방법 ④ 효과적 광투사 방법, 디밍 ⑤ 수목생장에 따른 그림자 고려 ⑥ 기구 훼손(반달리즘)의 고려 ⑦ 파손 시 연락망/조명기구 청결 유지
주변관계	① 주변 범죄율을 고려한 밝기수준 ② 보행/통행량을 고려한 밝기수준 ③ 조명지구에 따른 밝기 ④ 재료/반사율
기준적용	① 기준, 표준 요건의 충족 여부

안전한 빛과 조명디자인

야간 도시공원에 있어 안전은 그 무엇보다 중요한 문제이다. 2010년 이후 정부에서는 에너지 효율성 제고를 위해 공공 공간의 LED조명 교체사업을 활발하게 추진하여, 고압나트륨램프와 메탈할라이드램프에서 LED조명으로 에너지 효율성과 시공 편의성을 중심으로 무분별하게 교체하고 있다. 이는 공간적 특성과 공간구조를 간과하고 어두움의 사각지대 발생, 밝기의 균일한 분포 미확보 등의 문제를 야기시켜 우범화와 불안감을 조성하는 경우도 흔히 발생되고 있다. 이렇듯 정부에서 안전 문제를 디자인으로 보완 및 해결하려는 시도가 적극적으로 이루어지고 있으나 그에 대한 접근 방법은 체계성이 매우 부족한 실정이다.

이같이 야간 도시공간 구축과 같이 공공 공간은 정부 주도의 제도와 행정 범위에서 집행되어 그 방향성과 세부적 행정 방안이 체계적으로 운영되어야 하나 부분적으로 전문성에서 보완이 필요한 부분이 많이 나타나고 있다.

이에 먼저, 제도적 부분에서는 법령 및 조례, 행정규칙에 있어 국가 전체적 방향성은 법령에서 제시하고 조례에서 보다 구체적 실행방안과 인증제도 도입과 같은 적용 방안이 지역성을 고려하여 제시되어야 한다.

또한 내용적 부분에서는 보다 구체적인 조명환경 조성에 대해 전문가들이 적용할 수 있는 지침과 일반인들이 관리 운영할 수 있는 쉬운 체크 리스트가 필요하다. 전문가들이 적용할 수 있는 지침에서는 조명환경의 개념 혹은 방향성, 공간이해/인지, 밝기분포, 색채, 빛공해, 효율성 및 관리, 주변과 관계를 주요 요소로 도출하였다.

야간 도시공간 셉테드에 있어 조명환경에 대한 방향은 결국 이는 일반 도시공간에 대한 조명설계 내용과 거의 일치하며 결국 셉테드 관점의 조명 설계란 바람직한 조명 계획의 방향성과 유사하다는 것을 다시 강조하고자 한다.

2 건강한 빛·
색온도

조명의 색과 광질의 정도는 인간의 신체적·정신적·정서적 건강에 큰 영향을 미친다. 인간의 감각 정보의 87%는 시각에서 제공되며 인간 두뇌의 50%는 시각에 사용된다. 조명은 시각적(시각적 성능 및 시각적 경험)과 비시각적(내분비 시스템 및 24시간 주기 리듬)의 두 가지 방식으로 사람들에게 영향을 미친다. 야간의 부적절한 조명환경이나 과도한 빛공해로 인한 스트레스, 기억력 및 집중력 상실, 각성, 섭식 장애, 면역 저하, 약물 과다 사용, 심혈관 질환, ADHD, 우울증 및 수면 부족 등을 제기하기도 한다.[68] 공간에 맞는 적절한 빛환경은 사람들의 삶의 만족도와 밀접한 관계성이 있으며 이 중 색채와 색온도는 사람들의 비시각적 영향력에 큰 영향을 미친다.

적정 색온도의 의미

현재 오픈스페이스에 설치된 조명기기의 광원은 나트륨램프 및 메탈할라이드램프에서 LED램프로 빠르게 교체되고 있다. LED램프는 긴 수명과 낮은 소비전력, 친환경적 제작공정, 작은 소자 크기 및 점등 회로시스템의 다양한 모듈 활용성, 자유로운 색연출 등의 여러 장점으로 인해 도시공간의 주요 광원으로 자리 잡고 있다. 특히 LED조명은 유연한 발광모듈 구성으로 인해 다양한 색채 연출이 가능해졌다.

그러나 국내의 경우 광원의 에너지 효율성을 중심으로 교체하여 2000K의 나트륨램프와 4200K 및 3000K의 메탈할라이드램프를 5700K의 LED램프로 대체하는 경우가 일반적이다. 그러나 도시공간의 공간적 특성에 대한 검토를 배제한 채 경제적 효율성만을 고려한 무분별한 광원의 변경 사용은 다양한 문제를 유발하고 있다.

무분별한 LED 조명 사용에 대한 비판적 견해(건강)

파피오 팔치Fabio Falchi는 조명의 세기와 파장이 건강에 미치는 영향이 크며, 특히 높은 색온도 파장인 540nm 이하 단파장 성분의 유해성에 대해 강조하였다.[69] 서울시 빛공해 환경영향평가 보고서에 따르면 청색광은 단파장의 하나이며, 가시광선대역의 일부로 청색광에 과다하게 노출될 경우 황반변성Macular degeneration, 수정체 황화현상yellowing, 멜라토닌 분비 지연과 같은 부작용에 대해 표명하고 있다.[70] 이에 IECInternational Electrotechnical Commission에서는 LED조명의 광생물학적 안전성 평가 표준을 제시하고 있으며, 특히 위험군에 따른 조명의 파장에 따른 위험성을 IEC/EN 62471에서 구체적으로 밝히고 있다.[71]

미국의학협회American Medical Association에서는 야간 도시공간에서 고휘도의 높은 색온도 LED조명이 사람들의 호르몬 분비를 교란하여 수면 질 악화 및 시력에 미치는 악영향에 대해 강조하며 야간 도시경관의 낮은 색온도 연출을 권고하고 있다.[72] 그러나 국내에서는 에너지 효율성과 설치의 편의성을 내세워 무분별하게 LED광원으로 교체하고 있어 다양한 문제들이 야기되고 있다.[i]

색온도와 밝기와의 관계에서 쾌적감 인지(인지와 심미)

다음 크루이토프 곡선Kruithof curve[73]은 1940년대 색온도와 조도의 관계에 대한 첫 연구로 연구방법에서 다양한 문제가 제기되고 있으나 도시공간과 같은 낮은 조도수준에서는 낮은 색온도가 쾌적하게 인지되고 필요 조도가 높아질수록 어느 정도 비례하여 쾌적하게 인지되는 색온도가 높아지는 것을 보여주는 사례이다.

크루이토프의 연구 이후 조도와 색온도의 관계성에서 사람들의 인지 정도와 반응에 대한 수많은 연구가 있었다. 그 내용들은 크루이토프의 연구와 같은 맥락으로 야간 도시환경과 같은 낮은 조도수준의 경우 사람들은 낮은 색온도에서 쾌적감을 인지하고, 실내와 같이 높은 조도수준의 경우 비교적 높은 색온도에서 쾌적감을 느끼는 것으로 밝히고 있다.

---

i) 서울시 빛공해 환경영향평가 보고서(서울시, 2017)에 따르면 LED광원을 사용하는 보안등의 평균적인 청색광 구성비는 약 32%이며, 색온도는 4529~5757K 범위인 것으로 나타났다. 특히 색온도 5757K의 보안등은 청색광 구성비가 45.6%에 이르고 있어 주변 거주자들에게 빛공해로 인한 영향을 미칠 수 있음을 밝히고 있다.

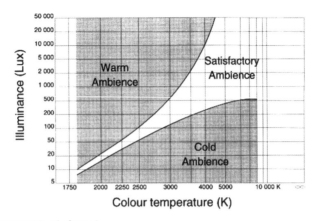

크루이토프 곡선(Kruithof curve)
(출처 : C. CHAIN, 1999)

공공 공간에서 낮은 색온도 LED조명으로 변경되는 추세

정부기관 차원의 색온도 기준 적용 사례를 보면, 미국 코네티컷주는 25개 도시에 3000K 이하의 LED가로등을 설치하였다. 이는 미국의학협회American Medical Association의 적정 색온도에 대한 지침을 따른 사례이다.[74]

빛환경에 대해 조명디자이너협회 혹은 건축 관련 학회의 권고사항이 아닌 의료계의 권고안을 따른 것은 조명 색온도의 건강에 대한 파급력이 크다는 것을 단적으로 보여준다. 또한 이용자 선호도에 따라 도시 가로등 색온도가 변경된 사례가 있다. 미국 데이비스시 주거지역을 중심으로 관에서 설치한 4800K의 650개의 LED가로등을 주민의 요구로 2700K 색온도 광원으로 교체하였다. 이 같은 색온도 교체 사례를 통해 주거지역의 높은 색온도 연출에 대한 도시민들이[75-79] 심미적·인지적으로 부정적인 반응을 보이고 있다는 것을 알 수 있다.

이처럼 자연광 변화를 기반으로 빛의 색 개념이 제시된 색온도는 오랜 시간 자연광 아래에서 생활해온 인간에게 공간에 따른 적정 색온도 연출의 중요성을 다시 볼 수 있다. 이처럼 야간 빛환경에서 밝기와 색온도 관계성에 따라 시감각적으로 쾌적성이 다르게 인지되며 국내 야간경관에서 조도기준 외에 색온도에 대한 지침의 중요성을 제기할 수 있다. 아울러 현재 국내의 효율성을 중심으로 설치되는 높은 색온도와 고휘도 LED가로등에 대한 재검토가 요구되며 광원 설치 이전에 도시환경 계획에 있어 다각적이고 세심한 조사 연구 및 계획이 필요하다. 도시공간 조명환경에 있어 적정 색온도의 중요성을 인지하고 현재 관련 지침 및 기준을 고찰하여 그 내용을 파악하고자 한다.

〈표 7-4〉에서와 같이 일본의 사례를 제외한 기타 국가들에서는 그

〈표 7-4〉 색온도에 대한 관련 도시공간 지침 및 기준

국제 조명위원회	• CIE(Commission Internationale de l'Eclairage) 도시공간 색온도에 대한 해당 내용 없음		
미국표준협회	• ANSI(American National Standards Institute) 도시공간 색온도에 대한 해당 내용 없음		
북미조명협회	• IESNA(Illuminating Engineering Society of North America) 도시공간 색온도에 대한 해당 내용 미확인		
영국	• SLL(The society of Light and Lighting) • CIBSE(Chartered Institution of Building Services Engineers) 연색성 Ra 60 이상 혹은 이하(범죄율, 도로이용 정도 및 특성 등에 따라)		
일본	• JIS(Japanese Industrial standard) 도로조명, 보도조명 : 4500±2000K		
미국	• Collier County		
	LZ0	주변 조명 없음	1900-3000K
	LZ1	낮은 주변 조명	1900-3000K
	LZ2	적당한 주변 조명	1900-3500K
	LZ3	보통 주변 조명	1900-4800K
뉴질랜드	• M30 Specification and Guidelines for Road Lighting Design 4000K(3000-4500K) a) 4000K 이상의 CCT 값은 야간환경에서 일반적으로 바람직하지 않은 것으로 보이는 더 많은 푸른 빛을 생성 b) 4000K 이하의 CCT 값은 더 따뜻한 톤의 빛을 생성하지만 광 출력에서 덜 효율적인 경향이 있음		
오스트리아	• Main Roads Western Australia 주도로 이하 : 2000K		
캐나다	• Surrey 주거지역 : 3000K 간선도로, 비주거지도로, 도심지도로 : 4000K		

기준이 주로 4000K 이하로 설정되어 있었다. 뉴질랜드 도로 조명기준의 경우 4000K 이상에서 광효율은 상대적으로 좋으나 푸른빛이 생성되어 바람직하지 않다고 기술되어 있는 것과, 영국 기준의 경우 색온도에 대한 내용은 포함되어 있지 않으나 연색성을 Ra 70 이상으로 제시한 부분이 인상적이었다. 무엇보다 일본의 색온도 기준이 높은 범위까지 포괄하고 있으며, 일본을 제외한 다른 국가들의 경우 현재 국내에서 주로 가로등과 보안등으로 교체되고 있는 5700K 범위를 포함하지 않는 것이 주목할 만한 내용이다.

도시공원과 색온도

색온도는 광원이 방출하는 빛의 백색계열 색조를 물리적·객관적 척도로 나타낸 것으로, 공간계획에 있어 일반적으로 색온도는 낮은 색온도의 편안함과 높은 색온도의 쾌적함으로 이해하는 수준의 심리적 인지 차원으로 공간에 적용하는 경우가 일반적이다. 그러나 자연광 변화 아래에서 진화된 사람과 동식물에게 색온도, 즉 빛의 파장은 생리적·심리적·기능적으로 다양한 역할을 하고 영향을 미친다. 이에 야간 도시환경 계획에 있어 다각적이고 세심한 빛환경 조사 연구를 바탕으로 한 색온도 계획이 필수적이다.

야간 도시환경에 있어 바람직한 색온도 계획은 도시공간의 공간구조와 질서를 확립하여 도시 위계를 형성하고 도시공간의 조화로움과 통합된 도시 이미지를 연출할 수 있다. 그러나 지리적 환경 및 지역적 상황에 따라 색온도에 대한 인식과 반응은 다르게 나타날 수 있다. 이에 그 도시민 대상의 구체적이고 정확한 실험데이터를 바탕으로 한 도시환경의 색온도 지정이 필요하다.

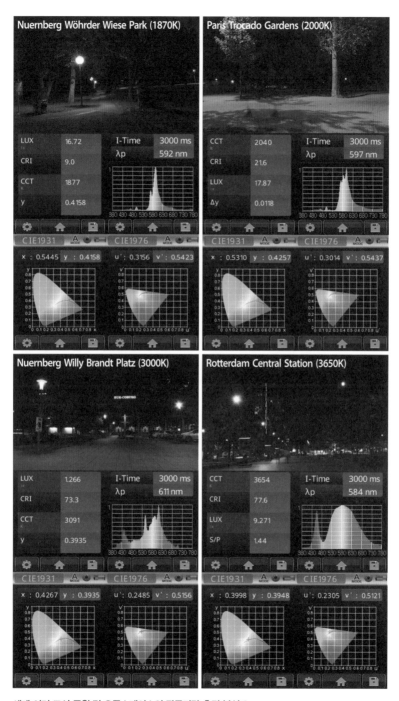

세계 여러 도시 공원 및 오픈스페이스의 광물리량 측정 분석 1

대상 도시공간의 특성과 용도, 이용자의 특징과 이용 정도, 계절 및 시간대별 조명환경에 대한 면밀한 조사 과정을 수반하여 색온도 계획이 진행되어야 한다. 이와 같이 야간 도시공간의 바람직한 색온도 연출은 광공해와 같은 시지각적 차원이 아닌 야간 도시민의 활동의 정도와 삶의 질까지 영향을 미칠 수 있다. 이에 보다 구체적이고 면밀한 연구과정을 통해 공간 특성과 이용자 상황을 고려한 적합한 공간 특징 및 규모에 따른 세심한 색온도 계획이 요구된다.

도시공원의 색온도 측정

제시된 세계 여러 도시공원 및 오픈스페이스의 광물리량 측정 데이터는 독일, 프랑스, 네덜란드와 이탈리아 그리고 한국의 도시공원과 같은 오픈스페이스에서 계측하였다. 측정된 해외 공원 색온도 데이터에서 알 수 있듯이 2000~3000K 범위의 색온도로 연출되어 있다. 상대적으로 국내에서는 5000K 이상의 색온도가 연출되는 경우가 흔히 있다. 이렇게 세계 도시의 공원과 가로경관은 지역마다 다른 색온도를 유지하고 있다는 것을 측정을 통해 확인할 수 있다.

도시공원에 있어 건강한 빛이란?

미국의학협회는 도시공간의 적정 색온도 연출을 권장하고 있다. 공간의 빛환경에 대해 조명협회 혹은 건축 관련 학회의 지침이 아닌 의료계의 권고안이 있다는 것은 조명환경 및 색온도가 건강에 있어 큰 영향을 미친다는 것을 보여주는 것이다.

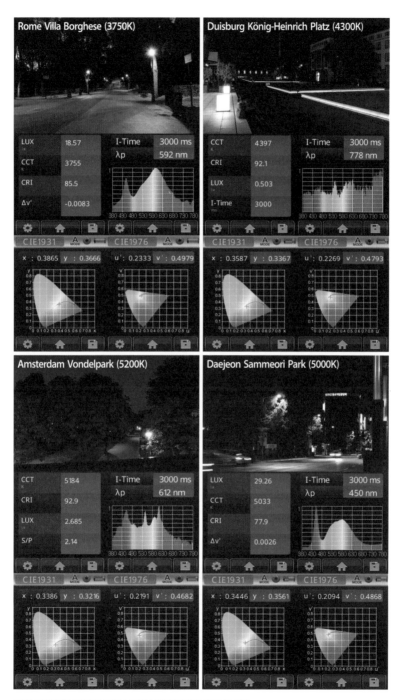

세계 여러 도시 공원 및 오픈스페이스의 광물리량 측정 분석 2

국내 오픈스페이스 조명환경은 경제적 효율성과 편의성을 중심으로 낮은 색온도 고압나트륨램프 또는 메탈할라이드 가로등을 높은 색온도의 LED로 무분별하게 변경 설치하는 추세이다. 그러나 최근 높은 색온도가 사람들에게 미치는 건강 문제를 인식하게 되면서 적절한 색온도의 중요성을 인지하고 변화시키려는 시도들이 보이고 있다.

높은 색온도의 영역대인 540nm의 단파장대의 색온도에 과다 노출될 경우 앞서 언급하였듯이 황반변성, 수정체 황화현상, 멜라토닌 분비지연과 같은 부작용에 대해 의료계에서 제시하고 있다. 야간 도시공간에서 고휘도의 높은 색온도 LED조명이 사람들의 호르몬 분비를 교란하여 수면의 질 악화 및 시력에 미치는 악영향을 강조하며 야간 도시경관의 낮은 색온도 연출을 권고하고 있다.

해외 도시공원의 광물리량 실측 결과에 대한 다이어그램과 데이터를 통해 실제적으로 국내 공원과 비교하여 조성된 색온도의 차이가 매우 큰 것을 알 수 있다. 크루이토프 곡선과 같은 연구에서 알 수 있듯이 일반 작업들이 이루어지지 않은 낮은 조도수준의 옥외공간에서는 낮은 색온도가 더 쾌적하게 인지된다. 이 같은 비교적 어두운 옥외공간에서는 3000K 이하 낮은 색온도 연출이 인지적 쾌적감과 심미적 만족감과도 밀접한 관련성이 있다는 것을 세계 여러 도시공원 공간 경험을 통해 알 수 있다.

도시공원에 있어 건강한 빛은 우선 적절한 조도수준과 눈부심을 최소화하는 조명방법으로 광공해가 없는 조명환경이 조성된 환경이다. 더 나아가 야간 신체 리듬과 작용에 부정적 영향이 최소화된 낮은 색온도 연출로 이용자들에게 쾌적한 공간이 연출된 것을 의미한다. 도시공원에서 건강에 대한 이슈는 자연녹지보전과 생태환경 향유에서 야간에는 건강한 빛환경을 창조하는 것 또한 앞으로 해결해야 할 주요 과제이다.

3 흥미로운 빛·콘텐츠

도시의 공간여백, 무엇으로 채울 것인가?

서울과 같이 고도의 산업화 및 정보화된 도시 개발 방향은 양적 확장과 채움의 관점에서 질적 제고와 비움의 관점으로 선회되고 있다. 현재의 고밀도 도시공간에서는 공간여백의 중요성이 강조되어야 한다. 무채색 도시의 공간여백은 공원과 같은 그린 오픈스페이스가 그 역할을 하고 있다. 도시에서 물리적으로 비어 있는 공간들은 사람들의 움직임과 시간들로 채워진다. 도시의 공간을 비워내어 사람들의 여유로 채워지는 시공간을 만들어야 한다.

공간디자이너는 이러한 삶의 여유 공간인 '공원에서 무엇을 할까?'에 대한 행태를 유도하는 공간 콘텐츠 계획이 필수적이다. 이전의 도시공원은 자연향유와 조망 및 녹지를 활용한 정서순화, 친환경 생태공간에서의 산책과 운동을 통한 건강증진, 넓은 공공 공간 활용에서의 사회적 교류, 작품 감상 등을 통한 문화 경험을 중점으로 계획된 공간들이다. 앞으로는 어떤 도시공원을 조성하여 그곳을 이용하는 사람들이 어

떤 행위를 유발하게 할지에 대한 디자인 콘텐츠를 중점으로 도시공원
계획을 진행해야 한다. 이러한 도시공원의 디자인 콘텐츠는 자연향유
를 통한 정서적 활동, 건강 프로그램, 문화적 경험과 유희적 체험을 구
분할 수 있다.

특히 야간 도시공원에서 주로 활용되는 디자인 콘텐츠는 문화적 경
험과 유희적 체험 측면의 빛을 활용한 축제, 영상과 퍼포먼스를 이용
한 문화행사, 지역성을 기반으로 한 작품 전시 등이 주를 이루고 있다.

즐길거리가 있는 도시공원

콘텐츠의 중요성이 제기되는 도시공원에서 이용자들이 즐길거리를
활용한 사례를 살펴보고자 한다. 미국 시카고에 위치한 밀레니엄 파크

밀레니엄 파크(Millennium Park)

Millennium Park의 경우 새로운 천년인 2000년을 기념하기 위해 조성된 공원이다. 다양한 건축물과 기념비적 조각 작품, 조경디자인 등으로 조화롭게 구성되어 있고 이 중 공연시설물과 크라운 분수Crown Fountain가 특징적이다.

영상 분수인 크라운 분수는 검정 화강암으로 된 광장 양쪽에 유리블록으로 만들어진 15m 높이의 LED스크린으로 마감된 기둥 두 개가 세워져 있다. 분수 영상에서는 다양한 인종과 문화가 공존하는 시카고 도시를 표현한 시카고 시민들의 영상이 상영된다. 이 영상을 통해 다양한 인종, 문화가 공존하는 시카고의 특성을 표현하는 동시에 관람자의 흥미를 유발하여 작품과 쌍방향 의사소통을 할 수 있는 공공미술 작품으로 승화시켰다는 평이다.[80]

또한 밀레니엄파크에서는 일정 시간에 시카고 시민과 관광객을 위한 다양한 프로그램의 공연들이 이루어져 도시 문화 소통 창구의 역할과

브라이언트 파크(Bryant Park)의 다양한 프로그램
(출처 : https://bryantpark.org/programs)

도시 상징공간으로 인식시키는 데 큰 기여를 하고 있다.

미국 뉴욕에 위치한 브라이언트 파크는 적극적이고 다양한 공원 프로그램을 기획하여 사람들을 유입하고자 하였다. 1880년대부터 공원으로 운영되었지만 1970년대까지 범죄에 노출되어 일반시민의 이용이 활발하지 않은 장소였으나 공원 관리재단Bryant Park Restoration Corp.이 1992년에 공원을 리모델링하여 재개관했다. 뉴욕 시민들에게 오피스 오아시스라고 불릴 정도로 고밀도 업무지역의 다양한 문화행사와 쉼터로 이용되고 있다. 또한 이 공원은 관광객을 포함해 매년 600만 명이 방문하는 '세계에서 가장 활성화된 공원'으로 꼽히게 되었다고 한다.[81, 82] 브라이언트 파크의 경우 문화, 예술, 스포츠 여가 활동과 같은 프로그램 종류별·계절별, 어린이 및 성인이 이용할 수 있는 다양한 콘텐츠로 구성되어 있어 누구나 쉽게 접근할 수 있다는 특장점이 있다.

댄싱그라스(Dancing Grass)
와우하우스(대표 홍유리) 계획

에스플래나드 공원(Esplanade Park)에 설치된
라이팅 인스톨레이션

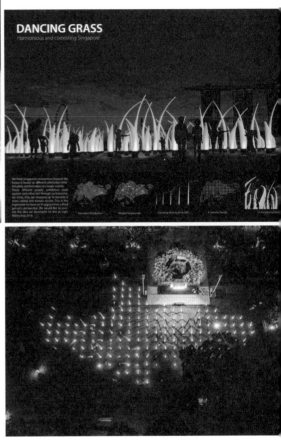

핀란드 라티시Lathi 마켓 하부에는 150여 년 전 마을의 우물이 위치했던 장소라는 것을 표현하기 위해 빛우물Light well을 설치하여 상호체험 공간을 연출하였다. 이 빛우물은 스크린으로 구도심 지도를 그려내고 야간에는 사람들의 움직임에 따라 반응하는 또 다른 우물을 만들어 냈다.[83]

사람들이 그 지역의 역사적 의미와 장소적 가치를 구현하기 위해 지역의 유산을 재해석하여 사람들에게 또 다른 의미의 공간으로 해석될 수 있도록 하였다. 이렇게 지역적 특수성 혹은 과거 마을의 주요지점인 우물을 현대의 기술로 유희적 요소로 승화시켜 집객을 유도할 수 있도록 계획한 것에 의미가 있다.

싱가포르 마리나베이의 오픈스페이스에서는 2010년 이후 매해 'i Light Singapore'라는 싱가포르와 전 세계의 예술가들이 만든 조명 설치 작품을 선보이고 있다. 아시아의 대표 빛축제로 인식되고 있는 이 페스티벌에서는 에너지 절약 조명 또는 환경 친화적인 재료로 설계하는 것을 방향성을 두고 있으며, 방문객들이 즐길 수 있는 다양한 부대 활동을 함께 제공하여 도시공원에 활기를 불어넣고 있다고 평가되고 있다.

위의 사례와 같이 국내에서도 도시공원과 같은 도시의 유휴공간들을 문화행사나 프로그램을 구축하여 다양한 시도들이 이루어지고 있으나 지역이 가진 문화적, 역사적, 사회적 특징을 잘 담아내지 못하고 일회적 관객 동원의 외연적 행사에 그치는 경우가 많다. 위 사례의 프로그램들은 정기적 콘텐츠로 굳어져 그 지역의 우수한 대표 공간자원으로 활용되고 있다. 이러한 공간활용 프로그램을 개발하기 위해서는 지역성을 기반으로 한 전문적 콘텐츠 발굴이 요구된다.

빛축제

경관학자 심윤선에 따르면 축제 및 이벤트가 야간에 개최될 경우, 경제적인 측면에서 도시의 야간문화 환경을 개선하고 주야간에 걸친 도시 활동을 가능하게 함으로써 주간에 한정되던 소비에 의한 경제적 효과를 야간 시간대로 확대해 나갈 수 있다. 사회적 측면에서는 지역주

수원화성 미디어아트쇼
와우하우스 멀티미디어스튜디오 계획(대표 : 홍유리)
유네스코 세계유산인 수원화성에서 2021년 가을에 진행한 빛축제이다. 정조의 애민정신을 멀티미
디어로 연출하여 수원화성의 역사적 의미와 장소적 가치를 되새기고자 하였다.

민의 야간 시간대 여가 활동 및 공간과 연계한 축제 구상을 통해 주간 시간대의 생업 외에 야간 시간대의 새로운 축제 및 행사를 경험함으로써 커뮤니티 활동 및 주민간 유대감을 증진시킬 수 있으며, 도시미관뿐만 아니라 야간 환경의 안전에 기여할 수 있다.

문화적 측면에서는 도시 공간과 밀접하게 관련지어 생각해볼 수 있는데 도시에서 활성화되지 않은 공간이나 혹은 기존의 역사·문화적 인프라를 활용한 빛축제를 개최하여 새로운 도시 이미지를 만들어내고, 창의적인 예술 및 디자인 문화를 촉진할 수 있는 가능성을 가진다.

마지막으로 산업적 측면에서 축제의 일시적인 콘텐츠로 머무르는 것이 아니라, 이와 연계된 시민, 산업체, 예술가, 디자이너들을 홍보하고 협업할 수 있는 기회를 제공함으로써 산업적인 연계가 이뤄질 수 있도록 할 수 있다.[84] 그러나 이러한 축제와 같은 이벤트는 단발성·한시적으로 이루어질 수밖에 없다. 따라서 지역민들이 이용하는 도시공원에서의 문화 콘텐츠로서 상시 이용할 수 있는 수준 높은 즐길거리들이 필요하다. 또한 도시민의 삶의 질적 수준을 높이기 위한 야간문화 조성을 위해서는 남녀노소, 사회적 경제적 여건에 따른 차별 없이 용이하게 즐길 수 있는 문화적 콘텐츠가 마련되어야 한다.

야간 도시공원의 콘텐츠 활성화

공원의 문화적 콘텐츠는 지역민 및 주변 관광객을 집객시켜 위락과 유희적 활동을 경험하게 하여 삶의 만족도를 높인다. 도시 어메니티를 제공하고 같은 경험으로 공감대와 커뮤니케이션을 형성하는 사회적·구조적 결속력을 높이기도 한다. 이는 도시의 지역 정체성으로 인지되기도 하며 주변 상권에 경제적 활기를 더하기도 한다. 그러나 이러한 문화 콘텐츠들은 단발성에 한시적 운영으로 중장기적 도시공원 활용방안으로 연결되지 않은 경우가 많으며 상시 운영체제를 만드는 것이 현실적으로 큰 어려움이 있는 것도 사실이다.

또한 국내에서 이러한 이벤트들은 공원을 관리하는 주체의 공적 사업의 성격으로 이루어지는 경우가 많아 수익성에 큰 영향을 미치지 못한다. 따라서 이 같은 어려움을 해결하려는 노력이 필요하다. 잘 계획된 도시공원은 지역의 명소로 발전하여 그 지역에 대한 자긍심을 고취시킨다. 더불어 도시공원에서 이루어지는 축제와 공연, 문화행사와 같은 이벤트가 유동적 관광자원으로 활용된다. 이는 살아 있는 예술작품으로 도시의 물리적 또는 비물리적 대표 자원으로 활용되기도 한다.

4 아름다운 빛·디자인

조명디자인 실무 사례

앞서 기술한 도시공원의 안전한 빛, 건강한 빛, 흥미로운 빛을 통합하여 표현한다면 아름다운 빛으로 이야기 할 수 있다. 도시공원에 있어 아름다운 빛은 공원의 미적 가치 제고와 심미적 만족감을 높이고 정서적 편의를 강화하여 사람들의 삶의 질을 높이는 데 큰 기여를 한다. 국내 대표 조명디자인 회사에서 진행한 실무 프로젝트를 통해 디자인방법론 적용에 대해 살펴보고자 한다.

① 서소문역사공원

서울 중구에 위치한 서소문역사공원은 한국 최대의 순교 성지이다. 어두운 역사적 사건과 시대상을 기리고 알리는 기념비적 공간이다. 본 역사공원에 위치한 성지역사박물관은 하늘광장 및 입구 등 주요 지점이 지상과 연결된 지하 문화공간이다. 지면 아래의 건축물 공간구성과 방문자 동선 계획은 순교한 선교사들의 역사적 사명과 무게감을 함의하고 있다. 그러나 무거운 역사 공간적 의미에 반하여 옥외공간의 다

서소문역사공원 조명계획안
bitzro & partners 디자인

양한 수목과 다채로운 녹음은 도시에서 바쁘게 살아가는 사람들에게 휴식과 여유를 즐길 수 있는 치유의 공간이 되고 있다.

서소문역사공원은 비즈로앤파트너스 고기영 대표가 조명설계를 진행하였다. 설계 방향은 역사적 상징성을 표현하는 것과 더불어 이용자 편의를 고려한 조명계획을 진행하였다고 밝히고 있다. 수목조명과 담장 및 건축물의 간접조명을 통해 공원 전체적 조화로운 공간을 연출하고 있다. 더 나아가 높은 위치에 설치된 투광기로 밝혀진 중앙광장에서 수목등과 지중등으로 밝힌 출입구로 점차 낮게 라이트레벨을 연출하여 공간적 위계와 볼륨감을 표현하고 있다.

이 과정에서 공원 내 위치한 서소문 성지역사박물관은 빛의 밝고 어두움의 대비와 위계로 순교의 역사적 의미와 정신을 표현하고 있는 것으로 읽힌다. 박물관에 연출된 빛의 무게감과 어두움의 겹들은 그 시대의 정신과 역사적 아픔을 고스란히 담아 관람자의 가슴에 스며들게 하고 있다. 박물관의 조명계획은 관람자 동선에 따라 보여지는 공간적 장면들을 통해 시대적 메시지를 충분히 전달하고 있다고 판단된다.

공원 전반 조도를 계획의 100% 밝기로 운용(일몰~22:00)

안전조도 확보 및 범죄예방 조명 제외, 특정 기능 조명기구 소등 및 밝기조절(22:00~일출)

서울식물원 조명연출 계획
시간대와 유동인구를 고려한 smart lighting system 적용

② 서울식물원

2018년에 개원한 서울식물원은 '아름다운 어둠으로 재구성되는 공원'의 콘셉트로 디자인스튜디오라인에서 조명설계를 진행하였다. 서울식물원은 주간의 밝고 균일한 자연광 아래서 공간적 조형미와 자연의 색이 발하는 아름다움에서 시작하여 야간의 어둠과 음영의 가치가 발견될 수 있도록 계획하였다. 주간과 야간의 차별성을 갖는 공원

서울식물원 공간별 조명계획

계획을 진행하여 어둠으로 인해 야간의 밝음이 더 아름다울 수 있도록 하였다. 조명디자인의 세부 디자인은 자연현상으로서의 빛, 최소한의 인공조명시스템, 환경에 대한 고려, 유기체로서의 공원 그리고 특별한 경험을 방향으로 설정하고 있다.

이렇게 연출된 조명환경은 식물원에 서식하는 다양한 자연식생과 녹지공간을 주간과 야간에 풍부하게 보여주고 있다고 평가받고 있다. 특히 식물원의 경우 빛공해 우려로 인한 제한적 빛 사용 때문에 매우 난

해한 디자인 대상공간 중 하나이다.

'아름다운 어둠'이라는 디자인 방향성은 밝고 화려한 야간도시의 모습에 익숙해진 도시민들에게 밤의 공원에 대해 또 다른 생각할 거리를 남겼다고 볼 수 있다.

③ 용산 제4구역 문화공원

서울시 용산구에 조성되는 문화공원은 용산역과 용산민족공원으로의 보행 및 녹지축을 연결하는 주요 지점이 될 것으로 기대되고 있다. 용산 제4구역 문화공원은 이온에스엘디에서 조명설계를 진행하였다. 이온에스엘디의 정미 대표는 조명디자인 콘셉트에 대하여 'Urban Lighting Symphony'로 도시에 어둠이 내리면 은은한 빛들의 연주회가 시작된다는 부제를 바탕으로 진행했다고 밝히고 있다. 이 부제는 많은 내용을 내포한 것으로 보이는데 먼저 주간과 다른 야간의 경관변

Welcome

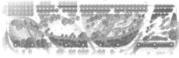

공원에 유입되는 진입동선에 입구성 강조

Mass

전체적인 보행로를 밝혀 각 공간들을 분리시키고
공원 내 구역별 형태를 자연스럽게 부각

Outline

공원의 큰 아웃라인을 강조하여 조경 형태를
잡아주고 내부로 진입할수록
빛의 밀도를 줄여 빛의 리듬감을 부여

Axis

전체 공간들을 이어주는 축을 보여주고
조경의 특색있는 디자인 형태를 강조

용산 제4구역 문화공원 조명계획 디자인 개념 및 마스터플랜

용산 제4구역 문화공원 투시도

화, 조화로운 빛분포 계획, 운율감 있는 조형성 그리고 시간 흐름에 따른 공간변화 등을 의미하는 것으로 해석할 수 있다. 이러한 콘셉트를 구체화하기 위한 세부 기본 방향과 디자인 방법들을 추가적으로 제시하고 있다.

이와 같은 기본 방향과 더불어 빛의 밀도와 색온도 계획을 제시하여 디자인 방법론의 교과서적인 지침을 제시한 조명디자인 계획의 프로세스로, 그 디자인 과정이 특히 돋보이는 프로젝트이다.

④ 노들섬

한강대교 하부에 위치한 노들섬 명소화 사업의 일환으로 진행했으며 조명설계는 디자인스튜디오 라인에서 실시하였다.

디자인스튜디오 라인의 백지혜 소장은 노들꿈섬이라는 콘셉트로 조명계획을 진행했다고 밝히고 있다. 한강에 위치한 공원의 지리적 특수성을 고려하여 원경에서 색다른 공간경험이 될 수 있도록 보여지는 빛, 연

노들섬 조감도

조명 연출 계획 (환영의 빛)

섬의 옹벽을 전체적으로 워싱(washing)하여 원경에서 아름답게 인지될 수 있도록 은은한 조명으로 투광했다. 옹벽의 조명과 한강 수면 위에 빛반사가 어우러져 또 다른 극적 경관을 창출한다.

조명 연출 계획(복합 문화공간)

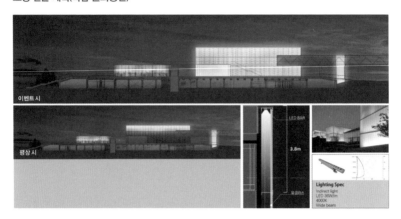

조명 연출 계획(보행육교)

공연장, 다목적홀은 빛 박스로 계획했다. 원경에서 인지되는 노들꿈섬의 이정표 역할을 하며, 유글라스 외피와 건축 마감 사이에 리니어 바(liner bar)를 설치하였다. 이 리니어 바는 공연 유무에 따라 점등·일부 점등으로 그 활용성을 표현하기도 한다.

결하는 빛, 새어나오는 빛의 세 가지 빛 표현 방법으로 진행하였다.

이 빛표현은 대상 공간의 기능성을 강화하고 공간의 특성을 명확히 한다. 광장의 조명 계획은 9m 가로등을 이용하여 광장의 개방감을 극대화하고 공간활용의 효율성을 높인 것으로 평가되고 있다. 보행면에는 수평의 빛을 두어 밖으로 누수광이 생기지 않도록 하였다.

섬에서 연출되는 다채로운 색채들은 노을이 질 무렵 하늘의 색상을 풍부하게 담아내고 있다고 높이 평가받고 있다. 섬 내부 곳곳의 공간들을 근경에서 바라본 시각을 중심으로 공간을 빛을 통해 섬세하게 그려내고, 밝은 면들의 조합으로 입체적으로 공간을 담아내고 있어 한강의 야간 명소로 부각되고 있다.

조명디자인 방법론

도시공원 야간경관계획은 공간과 이용자와의 관계성에 대한 빛계획이며, 이러한 관계성은 이용자 행태 패턴 분석을 통해 공간적 특성으로 해석할 수 있다.

앞서 국내 대표 조명디자이너가 설계한 실무사례를 통해 디자인의 방향성과 접근 방법, 디자인 방법이 얼마나 중요한지 확인할 수 있었다. 이에 조명디자인 방법론과 국내 도시공원 조명디자인 진행과정에서 주요 고려사항에 대해 서술하며 마무리하고자 한다.

* 디자인방법론의 관점은 본서 4장에 제시된 기준을 중심으로 하였다.

본델파크(Vondelpark)
공원디자인의 특별함보다는 편안함과 친근함이 강조된 디자인이 더 돋보이는 디자인일 수도 있다
는 생각이 들게 하는 네덜란드 암스테르담에 위치한 공원이다.

접근 방법에 따른 구분

① 도시 경관적 측면

먼저 조망을 통해 미적 경험 가치를 중심으로 공간을 해석하는 과정
인 도시 경관적 측면은 경관 구성 요소들의 관계성과 다양한 이용자 시
점, 경관 형성 과정으로서 야간경관 디자인 그리고 총체적 통합 시각의
세 가지로 구분 가능하다. 이러한 관점의 디자인 접근 방법을 통해 정
체성, 심미성 그리고 연출성의 공간적 효과를 창출함을 이용자 평가 분
석을 통해 알 수 있었다. 대상 공원 분석에서 각 공원의 지리적·공간적
특성에 따라 그곳의 경관적 효과가 다양하게 나타나고 있다.

이 과정에서 도시공원 공간 구성 요소 하나하나를 별개의 것으로 보
지 않고 하나의 총체적 실체로서 이해하며, 각 부분 사이의 관계성은 빛
을 통해 구체화된다. 공원에서 조명의 대상 선정은 도시공간 빛흐름의

전체적 맥락에서 조명 대상 밝기 레벨을 설정하고 조망 위치·방향·거리·배경의 밝기 등의 조건에서 면밀한 계획이 중요함을 알 수 있었다.

이때 그곳의 운동성을 바탕으로 공간의 기능성과 이용자의 심미성에 기여하는 조명 조건을 찾아 비교적 규칙적이며 단순하게 조성하되 각 구역에 개성을 부여하여 통일감과 다양성이 공존하는 공간의 빛을 찾는 것이 중요하며, 고정된 야간 모습이 아닌 공간 이미지 형성 과정에 이용자가 참여할 수 있도록 계획하는 것이 중요하고, 조화성, 정체성 심미성 그리고 연출성과 같은 공간적 특성은 개별적으로 지각되는 것이 아닌 통합적 빛현상으로 이용자에게 인식되고 있었다.

② 공간 구조적 측면

공간 구조적 측면이 잘 고려된 공원의 야간 모습은 빛분포에 따라 공간 요소의 관계성을 명확히 하여 도시공원 내 공간적 위계가 형성되어 도시공원의 공간 구조를 구축하고 있다. 즉 공간 목적과 기능에 따라 빛 강도와 분포를 통해 입체적 공간과 위계를 형성하여 이용자에게 그 공원의 특징과 용도를 명확하게 인식시켜 이용자의 행태를 지원하고 있음을 알 수 있다.

또한 이용자가 한 시점에서 연속적 경관으로 지각하는 정위와 이용자가 스스로 시점을 이동하면서 경관을 연속적으로 보는 변위 측면을 모두 고려하여 계획된 공간은 빛 표현에 의한 시각적 연속성이 형성되어, 산책과 같이 연속적 행위가 요구되는 행태를 적극적으로 유도한다. 공간 구조적 측면이 높게 평가된 공원의 사례와 같이 이용자의 시점 또는 위치 변화에 따른 공원의 공간 기능과 목적에 따른 빛의 분포를 체계적으로 계획하는 것이 중요하며 이 과정에서 그 야간 공원의 구조적 공간 질서가 형성됨을 알 수 있었다.

③ 공간 지각적 측면

공간 지각적 측면은 접근성 지원과 공간성 표현에 대한 내용으로 일반적으로 보라매공원이 높게 평가되었으며, 정기적 사용자의 경우 서울숲공원과 서서울호수공원에서 큰 폭으로 평가수준이 높아졌다. 평가 분석과정을 통해 야간 공원에서 이용자는 주관적 지각에 따라 특정 공간에서다른 공간으로 이동하고, 주변에 비해 높은 휘도의 수직적 요소들은 이용자 움직임을 결정하는 지표가 되며, 기준휘도에 의한 공간 표현은 명시성을 높이는 동시에 공간을 입체적으로 연출하여 공간의 심미적 만족감을 높이고 사람들의 행태를 자연스럽게 유도한다. 휘도기준을 적용한조명 방법은 사람들의 잠재적 형태를 유도하여 공간의 기능 및 형상을강화하고 도시공원의 구조적 이해를 높여 그 공간의 접근성을 지원한다.

또한 도시공간의 어두움으로 인한 평면적 공간을 빛을 통해 공간감을 강화하여 입체적으로 지각되도록 하여 그 공간의 기능과 특성을 극대화한다. 이는 외부공간의 바닥면과 천장면 등의 수평적 구성요소와벽면, 기둥, 수목 그리고 조형물 등의 수직적 요소로 이루어진 환경을빛을 통해 집중과 확산, 반사 등의 조명 연출로 3차원적 공간감을 강화하는 것을 알 수 있었다.

이러한 빛 표현은 이용자에게 도시공원의 심리적·물리적 활동 정도와 범위를 제공하며 공간을 한정 및 확장하고, 물리적 경계의 소멸 및지각적 경계를 형성 및 공간 표현의 물성을 강화하여 공간 의미와 특성을 규정한다. 이 같은 공간 지각적 접근에 따른 조명디자인은 야간도시공원의 입체적 공간 질서를 형성하여 이용자의 공간 지각 과정을체계화하는 것으로 판단된다.

④ 이용 행태적 측면

이용 행태 측면의 디자인 접근 방법은 빛을 통해 미학적, 인지적 그리고 물리적 차원으로 공간을 지각하여 행태 반응으로 형용되는 과정으로 이해할 수 있다. 이는 야간 도시공원을 먼저 2차원적 경관 이미지로 지각하고, 공간 구성 요소들을 수직·수평적 다양한 차원으로 공간 구조를 인지하여 다양한 공간 규모로 빛을 통한 공간지각 과정을 통해 인식하는 절차를 거쳐 그곳 이용자의 행태 패턴으로 표현되는 것을 알 수 있었다.

이 과정에서 공원 이용자의 행태 패턴을 최적화하는 방향으로 계획하는 것이 중요하며 지원성 및 안전성의 공간 특성을 창출한다. 지원성의 경우 먼저 조도의 분포와 관련성이 크며, 안전성의 경우 휘도분포와 관계가 있다. 이와 같이 빛에 의한 지각과정과 인지과정의 도식화를 통해 다양한 행동의 가능성이 있으며, 이는 이용자의 다양한 행태로 표출되어 그곳의 운동성을 창출하고 야간 도시공원의 장소적 특성이 규정됨을 알 수 있었다.

이와 같이 도시공원 야간경관 디자인의 다각적이고 체계적인 접근 방법은 야간 도시공간과 행태 반응과의 관계성을 더욱 구체화하여 공간계획 과정에서 그곳의 공간 품질을 높이는 절대적 절차로 판단된다.

| 디자인 방법에 따른 구분

| ① 휘도 중심 계획의 중요성

도시공원 조명계획 시에 '공원의 빛'이 아닌 '야간 공원의 다양한 공간들'을 보여주는 것이 중요하다. 도시공원 전체적으로 6lx 정도의 낮은 조도수준을 유지하면서 필요 공간에 적절한 밝기를 추가하여 이용 시 어두움으로 인한 불편감이나 불안감이 없도록 계획되어야 한다. 국내 공원 밝기에 대한 유일한 기준인 조도 중심의 계획보다는 공원 내

구조물을 이용한 휘도 중심의 계획이 이루어지고 있어 각 광원의 효율성보다는 공간 면들과 구조들을 밝혀 공간을 보여줄 필요성이 있다. 비교적 낮은 수준으로 전반조도가 설정되어 있더라도 고르게 조도수준이 유지된다면 물리적 조도보다 이용자 육안으로 더 밝게 인지되는 심리적 조도수준이 더 높게 인지되기도 한다. 이는 고른 조도분포와 공원의 각 영역들의 구조적인 입면들의 휘도분포로 인한 공간적 안락감 때문인 것으로 판단된다.

이와 같이 조도분포보다는 휘도분포와 대비를 통해 이용자의 공간이용 범위와 활동 정도를 결정하는 것이 중요하다. 사람들의 이동 방향 설정은 외부공간의 노면의 수평적 밝기에 의해 결정되기도 하나 건축입면 혹은 구조물 등의 수직적 밝기의 영향을 받는다.

주변에 비해 휘도가 높은 수직적 공간 요소들은 사람들이 움직임을 결정하는 지표가 된다. 수직적 유도성을 위한 경관조명디자인 방법에서 적정 휘도와 휘도대비를 준수하는 것은 가장 주요한 부분이며, 기준휘도에 의한 공간표현은 명시성을 높이는 동시에 공간을 입체적으로 연출하여 공간의 심미적 만족감을 높이고 사람들의 행태를 자연스럽게 유도한다.

도시공원과 같은 외부공간에서 이용자들은 밝은 곳 아래서 산책이나 휴식을 취하기보다 밝은 곳을 바라보며 산책 시 이동을 하거나 밝은 곳 옆에서 휴식을 취하는 것을 선호함을 관찰을 통해 알 수 있었다. 즉 외부공간에서 자신이 위치한 곳의 조도보다는 이용자가 바라보는 휘도의 배치가 이용자 행태 지원성을 높이는 것으로 판단된다.

② 수직·수평적 밝기의 관계성에 대한 계획

이용자 평가수준이 높은 공원들을 보면 광원 자체 발광효과보다는 광원에 의한 수직·수평면의 밝기의 차이와 조화에 의해 그 만족감이 높아진다. 이러한 결과는 그곳의 첫 방문객보다는 정기 이용자들을 통해 알 수 있다.

서울숲공원과 보라매공원은 바닥면 밝기의 균일성, 즉 균제도 확보로 걷기에 편안함을 느끼게 되어 보행 시 만족도가 높다. 이는 수평적 조도분포의 조화에 대한 결과이다. 정기적 이용자는 그 공원을 충분히 경험하고 이용하면서 그곳이 다양한 활동에 있어 적합한 조명환경임을 인지하고 있다.

수직·수평적 밝기 차원으로 공간이 읽히는 공원들은 이용할수록 공간이용의 만족도가 높아진다. 공원과 같은 외부공간에서는 특정작업 목적이 아닌 보행과 일반적 외부활동을 할 경우 현재 이용자가 위치해

프랑스 국립 도서관(Bibliothèque François-Mitterrand)의 오픈스페이스

있는 곳의 조도분포보다는 이용자 움직임의 방향성 혹은 목적 지점들이 될 수 있는 곳의 수직면을 밝혀 이용자의 접근과 이동을 돕는 것이 적절한 조명방법이다.

야간 도시공원은 공간배치와 조명설치 특성상 수평적 조도분포 요소가 지배적이기 때문에 조명된 수직적 요소의 변화가 크게 지각되며, 이러한 조명된 요소들을 통해 심리적 공간규모를 부여하여 행위가치를 판단하는 주요 요인이 된다.

③ 광원의 사용

나트륨램프는 조도가 일정하고 먼 거리까지 투사되어 공간행위가 단순하고 일정한 이동의 공간에서 하나의 영역을 형성하기에 적합하다. 공간의 영역성과 구조적 위계성 표현을 위한 조도분포 균일과 대비 관계에 대한 분석 결과 야간 도시공원은 도시경관적 맥락 속에서 밝고 어두움 관계에 따라 다양한 규모의 공간 영역들을 창출하여 질서를 구축한다. 이 과정에서 수평적 조도분포의 범위와 강도를 주변환경을 고려하여 설정하여야 하며, 이때 적절한 광원을 활용하는 것이 무엇보다 유용하고 중요함을 알 수 있었다.

대규모 도시공원에서는 빛의 층^{layer}을 통해 위계를 형성하고 각 기능 공간의 영역들을 구성하여 도시공원의 공간구조가 지각된다. 이러한 공간의 위계성과 영역성은 조도분포의 균일정도와 대비 관계에 의해 형성되며, 이는 수평적 조도에 의해 표현 가능하다. 특히 LED가로등은 광원 특성에 따라 부분적 영역 형성에 효과적이나 넓은 공원에서는 시지각적 측면에서 고휘도의 부분적 배광분포로 쾌적감이 떨어지는 것을 선유도공원에서 확인할 수 있다. 고압 나트륨램프는 조도분포가 일정하고 먼 거리까지 투사가 가능하여 공간행위가 단순한 넓은 공간영역에 효과적임을 서울숲공원의 사례를 통해 알 수 있었다. 이러한 고압 나트륨램프는 연색성이 떨어지는 단점이 있으나 공원과 같은 넓은 범위 공간에서는 공간구조적 축 형성에 용이하여 전체 공원의 위계 형성 및 대규모 외부공간의 공간적 표현 측면에서는 가로등 광원으로 가장 적합한 것으로 판단된다.

야간 도시공원은 도시 경관적 맥락 속에서 밝고 어두움 관계에 따라 다양한 규모의 공간 영역들을 창출하여 시각적 질서를 구축하며, 이 과정에서 수평적 조도분포의 범위와 강도를 주변환경을 고려하여 설정하여야 한다. 이때 공간의 특성과 목적에 맞는 적절한 광원을 활용하는 것이 필수적이다.

┌ 마치며

야간 도시공원과 디자인, 그리고 사람

서문에서 기술한 '도시공원의 밤은 어떻게 디자인되어야 하나?'에 대하여 명확한 답변이 어려울 것으로 생각된다. 하지만 우리가 야간 도시공원 계획을 할 때 가장 중심적으로 고려해야 할 사항은 분명해졌다.

바로, 그곳을 이용하는 '사람'이다. 공간디자인에 있어 그 디자인 방안에 대한 해답은 사람의 움직임과 반응, 즉 행태에 있다고 할 수 있다. 우리가 도시공원의 밤에 대한 조명환경을 디자인할 때 야간에 도시공원에서 사람들이 공원에서 무엇을 하길 원하는가? 무엇을 보길 원하는가? 어떤 경험을 원하는가?와 같이 사람들의 공간 이용 목적과 행태 반응에 집중할 필요가 있다.

야간 도시공원 디자인은 단순히 아름다움과 같은 심미성을 강화하는 수준에 그치지 않는다. 야간활동에 있어 정서적 편의성을 강화할 수 있는 디자인이 요구된다. 다시 말하면 도시공원 야간경관 디자인 방향성 모색의 해결안은 이용자의 공간 활용 패턴에 있다. 도시공원 야간경관계획은 야간의 공간과 이용자와의 관계성에 대한 계획이며, 이러한 관계성은 이용자 행태패턴 분석을 통해 공간적 특성으로 해석할 수 있다.

야간경관 디자인은 야간 도시공간에 있어 대상공간을 빛과 공간과의 관계에 따른 이용자들의 행태반응에 대한 상호 관계성을 파악하는 과정으로 이해할 수 있다. 야간 도시공원의 합리적이고 과학적인 조명디자인 방법론 구축을 위해서는 이용자가 현재 도시공원에 대해 어떻게 느끼고 활용하는지에 대한 조사와 분석연구가 먼저 수립되어야 한다. 이러한 선행 연구들을 바탕으로 보다 합리적이고 창조적인 디자인 방법 도출이 가능하다.

우리는 야간 도시공원의 창조적 가치와 새로운 가능성에 대하여 살펴보았다. 또 야간 도시공원의 디자인 방법론과 디자인 방법들에 대해 학술적 접근을 기반으로 시각화된 기술 자료들을 논하였다. 더 나아가 앞으로 도시공원의 밤의 주요 화두를 제시하였다. 안전한 빛과 건강한 빛, 흥미로운 빛 그리고 아름다운 빛과 같은 키워드로 야간 도시공원 미래의 방향성을 구체화하였다. 이러한 과정들에서 우리는 더 나은 내일의 도시공원의 밤을 예상해 볼 수 있다. 앞으로 우리의 도시공원이 어떻게 발전되어 펼쳐질지 또 그 공원에서 미래의 우리가 어떻게 도시공원을 누리고 있을지 매우 기대가 된다.

실무 자료를 제공해주신 ㈜비츠로앤파트너스 고기영 대표님, 디자인 스튜디오 라인 백지혜 소장님, 이온에스엘디㈜ 정미 대표님, ㈜와우하우스 홍유리 대표님, 그래픽과 편집을 도와준 제자 김도연, 전태희, 윤제인, 그리고 박지윤 등 책을 만드는 데 도움을 주신 분들에게 깊이 감사를 표한다.

더불어 본 저서의 시작점이 된 박사논문을 지도해주신 김현중 교수님과 조명디자인에 입문할 수 있도록 이끌어 주신 고기영 대표님께 감사드린다.

미주

1   http://spp.seoul.go.kr/saupso/parkgreen/news/news_info.jsp?communityKey=B01 07&act=VIEW&boardId=816

2   https://www.designcouncil.org.uk/sites/default/files/asset/document/grey-to-green.pdf

3   http://webarchive.nationalarchives.gov.uk

4   https://urbanrambles.org/background/a-brief-history-of-rus-in-urbe-1307

5   http://s-media.nyc.gov/agencies/planyc2030/pdf/planyc_2011_goals.pdf

6   국토교통부.「도시공원 및 녹지 등에 관한 법률」, 법률 제18047호 공포일 2021.04.13.

7   강신용 (2004).『한국 근대 도시 공원사』. 서울: 대왕사.

8   조경기평봄 (2010).『공원을 읽다』. 고양: 나무도시.

9   김귀곤 (2002).『도시공원녹지의 계획·설계론』. 서울: 서울대학교출판부.

10   양정순, 김현중 (2014).「서울시 도시공원의 경관조명디자인 현황 연구」, 기초조형학연구, 15(3), 195-209.

11   국토교통부,「경관법」, 국가법령정보센터, 법률 제15460호 공포일 2018.03.13

12   이종현 (1998).「인천광역시 도시경관정비 기본구상」, 인천발전연구원, p.3.

13   照明学会, 박한종, 이도희 역 (2010).『조명핸드북』. 파주: 성안당, p.483.

14   Yi-Fu Tuan, 구동회, 심승희 역 (2011).『공간과 장소』. 서울: 대윤, p.168.

15   CIE (2005).「Lighting of Outdoor Work Places」, Commission Internationale de L'Eclairage.

16   이규목,「도시경관의 구성이론에 관한 지각적 고찰」, 국토계획 17.1 (1982): 41-48.

17   엄문성 (2005).「가로변 경관의 색채 평가분석 모형개발: 대학 주변 가로경관을 중심으로」, 연세대학교 대학원 박사학위 청구논문, pp.9-10.

18 Cullen, Gordon, 박기조 역 (1994). 『Townscape 도시관광』. 서울: 태림문화사.

19 주신하 (2003). 「도시경관 분석을 위한 경관형용사 선정 및 적용 연구」. 서울대학교 박사논문, p.15.

20 임승빈 (2009). 『경관분석론』. 서울: 서울대학교 출판부. pp.58-69.

21 권영걸 (2001). 『공간 디자인 16 강』. 서울: 도서출판 국제.

22 권용우 (2016). 『도시의 이해』. 서울: 박영사, p.5.

23 김귀곤 (2002). 『도시공원녹지의 계획 · 설계론』. 서울: 서울대학교출판부, p.146.

24 Ulrike Brandi (2007). 『Light for cities』. Basel; Boston: Birkhäuser, p.9.

25 양정순, 김현중 (2013). 「복합건축물 단지 경관조명디자인 방법 연구」. 디자인학연구 통권, 한국디자인학회, 제105호 Vol.26 No.1, pp.317-318.

26 Leo, D. L., Manseld, K. P., & Rowlands, E. (2000). 「A step in quantifying the appearance of a lit scene」. Lighting Research & Technology, No.32, pp.213-222.

27 양정순, 김현중 (2013). 「복합건축물 단지 경관조명디자인 방법 연구」. 디자인학연구 통권, 한국디자인학회, 제105호 Vol.26 No.1, pp.317-319.

28 Jakle, J. A. (2001). 『City Lights; Illuminating the American Night』. Baltimore : Johns Hopkins University Press, p.64.

29 성상준, 최정수 (2002). 「건축공간구성에 있어서 시각적 연속의 축에 의한 구현과 그 효과에 관한 연구」. 공주영상정보대학 논문집, pp.375-376.

30 양정순, 김현중 (2013). 「복합건축물 단지 야간경관의 공간성 표현 연구」. 기초조형학 연구, 14(4), 359-368.

31 양정순, 김현중 (2011). 「도시공간의 공동주택 야간경관 조명디자인 연구」. 디자인학연구 통권, 한국디자인학회, 제96호 Vol.24 No.3, pp.185-194.

32 Altman, I. (1975). 『Environment and social behaviour: privacy, personal space, territory, crowding』. Monterey, CA, Brooks/cole, 재인용.

33 Gibson, J. J. (c2015). 『The ecological approach to visual perception』. New York : Psychology Press/Taylor & Francis Group, pp.127-143.

34 권영걸 외 (2011). 『공간디자인 언어』. 서울: 날마다, p.61.

35 양정순, 김현중 (2013). 「복합건축물 단지 야간경관의 공간성 표현 연구」. 기초조형학연구, 14(4), 362.

36 박영욱 (2009). 『필로 아키텍처 현대건축과 공간 그리고 철학적 담론』. 서울: 향연, p.90.

37 양정순, 김현중 (2013). 「복합건축물 단지 야간경관의 공간성 표현 연구」. 기초조형학연구, 14(4), 362.

38 Millet, M. S., Barrett, C. J. (c1996). 『Light revealing architecture』. NJ: John Wiley & Sons, pp.67-72.
연구자주 : 본 논문에서는 material을 물성으로 표기함.

39 Lou, M. (1995). 「Light: the shape of space: designing with space and light」, New York: Van Nostrand Reinhold, p.40.

40 일본건축학회, 박영기 외 역 (2000). 『건축 도시계획을 위한 공간학』, 서울: 기문당, pp.26-30.

41 Rutledge, A. J. (1985). 『A visual approach to park design』, New York: Wiley.

42 김귀곤 (2002). 『도시공원녹지의 계획 · 설계론』, 서울: 서울대학교출판부.

43 국토교통부. 「경관법」, 국가법령정보센터, 법률 제15460호 공포일 2018.03.13.

44 국토교통부. 「도시공원 및 녹지 등에 관한 법률」, 법률 제18047호 공포일 2021.04.13.

45 국토교통부. 「도시공원 및 녹지 등에 관한 법률 시행규칙」, 국토교통부령 제933호 공포일 2021.12.31.

46 환경부. 「인공조명에 의한 빛공해 방지법」 법률 제16610호 공포일 2019.11.26.

47 산업통상자원부, 공공기관 에너지 이용 합리화 추진에 관한 규정 개정, 시행 2020.11.19. 산업통상자원부고시 제2020-197호.

48 CIE (2000). 「Guide to the lighting of urban areas CIE Technical Report 136-2000」, Vienna: Commission Internationale de L'Eclairage. 136-2000. CIE, p.16.

49 CIE (2003). 「Guide on the limitation of the effects of obtrusive light from outdoor lighting installations, CIE Technical Report 150-2003」, CIE Technical Report Vienna: Commission Internationale de L'Eclairage. 150-2003. p.10.

50 CIE (1993). 「Guide for Floodlighting」, CIE, p.43.

51 IESNA (2000). 「The IESNA Lighting Handbook」, IESNA, pp.21-3~4.

52 IESNA (2000). 「The IESNA Lighting Handbook」, IESNA, pp. outdoor 3.

53 IESNA (2000). 「The IESNA Lighting Handbook」, IESNA, pp.21-4~21-5.

54 IESNA (2000). 「The IESNA Lighting Handbook」, IESNA, pp.29-21.

55 DiLaura, D. L., et al. (2011). 「The IESNA Lighting Handbook」, Illuminating Engineering Society, pp.12.25~12.26.

56 DiLaura, D. L., et al. (2011). 「The IESNA Lighting Handbook」, Illuminating Engineering Society, p.26.23.

57 CIBSE (2009). 「The society of Light and Lighting - The SLL Lighting Handbook」, London: CIBSE. pp.252-253.

58 British Standards (2003). 「Code of practice for the design of road lighting, Part 1 5489-1」, BSI, p.27.

59 照明学会, 박한종, 이도희 역 (2010). 『조명핸드북』, 파주: 성안당.

60 照明学会技術標準 (1994). 「歩行者のための屋外公共照明基準 JIEC-006:1994」, 照明学会.

61 산업통상자원부 기술표준원. 「한국 산업규격 KS A 3011」 국가표준인증 종합정보센터.

62 ① Nair, G., Ditton, J., & Phillips, S. (1993). 「Environmental improvements and the fear of crime : the sad case of the 'Pond'area in Glasgow」, The British Journal of Criminology, 33(4), 555-561.

    ② Painter, K. A. (1991a). 「An Evaluation of Public Lighting as a Crime Prevention Strategy with Special Focus on Women and Elderly People」, Man-chester University.

    ③ Manchester. Painter, K. A. (1991b), 「The West Park Estate Survey: An Evaluation of Public Lighting as a Crime Prevention Strategy」, Cambridge University Press, Cambridge.

63 Atkins, S., Husain, S., & Storey, A. (1991). 「The Inuence of Street Lighting on Crime and Fear of Crime」, Crown Copyright, London, Crime Prevention Unit Paper Number 28.

64 Farrington, D. P., & Brandon, C. W. (2002). 「Improved street lighting and crime prevention」, Justice Quarterly, 19(2), 313-342.

65 박진상, 정므엘, 박채린, 김경도 (2018). 「범죄 예방 환경 설계를 위한 최적의 색채와 조명 수준의 탐색 연구」, Journal of the Ergonomics Society of Korea, 37(2), 123-142.

66 건축도시공간연구소 (2014). 「실무자를 위한 범죄예방 환경설계 가이드북」, 건축도시공간연구소.

67 박정숙, 장영호 (2015). 「지역사회 범죄예방을 위한 야간조명 개선에 관한 연구」, 한국디자인문화학회지, 21(2), 261-273.

68 https://pld-m.com/en/article/practical-issues/light-and-nature-a-valuable-humanbenet

69 Falchi, Fabio, et al. (2011). 「Limiting the impact of light pollution on human health, environment and stellar visibility」, Journal of environmental management, 92(10), 2714-2722.

70 서울시 (2017). 「서울시 빛공해 환경영향평가」, 서울시, p.537.

71 IEC/EN 62471 Photobiological safety of lamps and lamp systems, International Standard, 2006.

72 https://www.ama-assn.org/ama-adopts-guidance-reduce-harm-high-intensitystreet-lights

73 Chain, C., Dumortier, D., & Fontoynont, M. (1999). 「A comprehensive model of luminance, correlated colour temperature and spectral distribution of skylight: comparison with experimental data.」, Solar Energy, 65(5), 285-295.

74   https://edition.cnn.com/2016/09/29/health/streetlights-improve-health/index.html

75   https://www.surrey.ca/bylawsandcouncillibrary/CR_2016-R268.pdf

76   https://www.mainroads.wa.gov.au/BuildingRoads/StandardsTechnical/
RoadandTracEngineering/ RoadsideItems/light/Pages/lighting-design.
aspx#TOCh640

77   http://www.nzta.govt.nz/assets/resources/specication-and-guidelines-for-
roadlighting-design/docs/m30-road-lighting-design.pdf

78   https://www.colliercounty.gov/home/showdocument?id=71020

79   https://www.mlit.go.jp/common/001087361.pdf

80   https://terms.naver.com/entry.naver?docId=1331440&cid=40942&category
Id=40546

81   https://bryantpark.org

82   http://realty.chosun.com/site/data/html_dir/2018/06/01/2018060102674.html

83   https://lightact.io/portfolio/light-well/

84   심윤선 (2020). 야간 도시문화 활성화를 위한 빛 축제의 방향 연구 - 서울시의 빛 축
제 활성화 전략을 중심으로 -. 한국실내디자인학회 논문집, 29(2), 145-154.

참고문헌

단행본

강신용 (2004). 『한국 근대 도시 공원사』. 서울: 대왕사.

권영걸 (2001). 『공간디자인 16 강』. 서울: 도서출판 국제.

권영걸 외 (2011). 『공간디자인 언어』. 서울: 날마다.

권용우 (2016). 『도시의 이해』. 서울: 박영사.

김귀곤 (2002). 『도시공원녹지의 계획 · 설계론』. 서울: 서울대학교출판부.

길성호 (2003). 『수용미학과 현대건축』. 서울: Space Time.

대한건축학회 (2003). 『건축공간론』. 서울: 기문당.

박영욱 (2009). 『필로 아키텍처 현대건축과 공간 그리고 철학적 담론』. 서울: 향연.

배정한 (2006). 『공원의 진화 조경의 변화-한국의 공원』. 조경.

양정순 (2016). 『빛환경과 조명디자인』. 대전: 배재대학교 출판부.

임승빈 (2009). 『경관분석론』. 서울: 서울대학교 출판부.

조경기평봄 (2010). 『공원을 읽다』. 고양: 나무도시.

Altman, I. (1975). 『Environment and social behaviour: privacy, personal space, territory, crowding』. Monterey, CA, Brooks/cole.

Brandi, Ulrike (2012). 『Lighting Design』. Birkhäuser.

Cullen, Gordon, 박기조 역 (1994). 『Townscape 도시관광』. 서울: 태림문화사.

Descottes, Herve (2005). 『Ultimate Lighting Design』. Te Neues Pub Group.

Davoudian, Navaz, ed. (2019). 『Urban Lighting for People: Evidence-Based Lighting Design for the Built Environment』, London: Routledge.

Flynn, J. E., & Mills (1962). 『Architectural lighting graphics』, New York: Reinhold Pub. Cor Corporation.

Gibson, James Jerome (2015). 『The ecological approach to visual perception』, New York: Psychology Press Taylor & Francis Group.

Hering, E. (1964). 『Outlines of a Theory of the Light Sense』.

Jakle, J. A. (c2001). 『City Lights; Illuminating the American Night』, Baltimore: Johns Hopkins University Press.

Lister, N. M., 배정한, idla 역 (2007). 『라지파크 공원디자인의 새로운 경향과 쟁점』, 파주: 도서출판 조경.

Lou, M. (1995). 『Light: the shape of space: designing with space and light』, New York: Van Nostrand Reinhold.

Low, Setha, Dana Taplin, and Suzanne Scheld (2009). 『Rethinking urban parks: Public space and cultural diversity』, University of Texas Press.

Moyer, Janet Lennox (2013). 『The landscape lighting book』, New Jeysey: Wiley.

Lefebvre, H. (1991). 『The production of space (Vol. 30)』, Oxford, Blackwell.

Millet, Marietta S., & Barrett, Catherine Jean (c1996). 『Light revealing architecture』, NJ: John Wiley & Sons.

Norberg-Schulz, 김광현 역 (1997). 『실존, 공간, 건축』, 서울: 태림문화사.

Paul Zelanski, 김현중 역 (2000). 『디자인 원리』, 서울: 국제.

Rakov, Vladimir A., & Martin A. Uman (2003). 『Lightning: physics and effects』, Cambridge university press.

Rutledge, Albert J. (1985). 『A visual approach to park design』, New York: Wiley.

Ulrike Brandi (2007). 『Light for cities』, Basel; Boston: Birkhäuser.

Van Bommel, Wout. (2019). 『Interior Lighting』, Switzerland: AG Springer nature.

Yi-Fu Tuan, 구동회, 심승희 역 (2011), 『공간과 장소』, 서울: 대윤.

벤호 잇다까, 김수봉 역 (2014). 『우리의 공원』, 서울: 박영사.

일본건축학회, 박영기 외 역 (2000). 『건축 도시계획을 위한 공간학』, 서울: 기문당.

照明学会, 박한종, 이도희 역 (2010). 『조명핸드북』, 파주: 성안당.

논문

김성식, 박광섭 (2015).「지방자치단체의 환경설계를 통한 범죄예방 정책연구」, 아주법학, 8(4), 457-489.

김진선 (2005).「도시공원의 야간이용과 조명의 적합성 모형」, 대한국토 · 도시계획학회지, 40.3, 205-217.

박길용 (2003).「지속가능한 도시공원 녹지정책-서울시를 중심으로」, 한독사회과학논총, 13(2), 235-257.

박정숙, 장영호 (2015).「지역사회 범죄예방을 위한 야간조명 개선에 관한 연구」, 한국디자인문화학회지, 21(2), 261-273.

박진상, 정므엘, 박채린, 김경도 (2018).「범죄 예방 환경 설계를 위한 최적의 색채와 조명 수준의 탐색 연구」, Journal of the Ergonomics Society of Korea, 37(2), 123-142.

성상준, 최정수 (2002).「건축공간구성에 있어서 시각적 연속의 축에 의한 구현과 그 효과에 관한 연구」, 공주영상정보대학 논문집, 375-376.

신의기 외 (2008.12).「범죄예방을 위한 환경설계의 제도화 방안」, 형사정책연구원 연구총서.

심윤선 (2020).「야간 도시문화 활성화를 위한 빛 축제의 방향 연구-서울시의 빛 축제 활성화 전략을 중심으로」, 한국실내디자인학회 논문집, 29(2), 145-154.

양정순 (2011).「자연광과 LED 조명색채 비교분석을 통한 가을빛 LED 감성조명 색채 연구」, 조명 · 전기설비학회논문지, 25(11), 1-13.

양정순 (2016).「도시공원의 야간경관디자인 이용후 평가」, 이화여자대학교 박사학위 청구논문.

양정순 (2017).「도시공원 야간경관에 대한 전문가 인식 조사」, 기초조형학연구, 18(3), 221-235.

양정순 (2018).「도시공간 LED 조명환경 색온도 도출 방향 연구」, 기초조형학연구, 19(5), 475-486.

양정순 (2019).「야간 도시공간 범죄예방환경설계 (CPTED) 에 있어 조명환경에 관한 연구」, 한국공간디자인학회 논문집, 14(3), 225-237.

양정순, 김현중 (2011).「도시공간의 공동주택 야간경관 조명디자인 연구」, 디자인학연구 통권, 한국디자인학회, 제96호 Vol.24 No.3, pp.185-194.

양정순, 김현중 (2013).「복합건축물 단지 경관조명디자인 방법 연구.」, Archives of Design Research, 26(1), 313-337.

양정순, 김현중 (2013).「복합건축물 단지 야간경관의 공간성 표현 연구」, 기초조형학연구 14(4), 357-368.

양정순, 김현중 (2014).「서울시 도시공원의 경관조명디자인 현황 연구」, 기초조형학연구, 15(3), 195-209.

양정순, 이미연 (2012). 「자연광 분석을 통한 LED 조명색채 개발 방향」, 조명 · 전기설비학 회논문지, 26(11), 9-19.

엄문성 (2005). 「가로변 경관의 색채 평가분석 모형개발: 대학 주변 가로경관을 중심으로」, 연세대 대학원 박사학위 청구논문.

이규목 (1982). 「도시경관의 구성이론에 관한 지각적 고찰」, 국토계획, 17(1), 41-48.

이진숙 (2015). 「색 조명 그리고 인체」, 한국색채학회 학술대회 발표.

주신하 (2003). 「도시경관 분석을 위한 경관형용사 선정 및 적용 연구」, 서울대학교 박사학위 청구논문.

최연철 (2001). 「도시공원에 있어서 조명의 적합성 모형」, 청주대학교 박사학위 청구논문.

Atkins, S., Husain, S., & Storey, A. (1991). 「The Inuence of Street Lighting on Crime and Fear of Crime」, Crown Copyright, London, Crime Prevention Unit Paper Number 28.

Chain, C., Dumortier, D., & Fontoynont, M. (1999). 「A comprehensive model of luminance, correlated colour temperature and spectral distribution of skylight: comparison with experimental data.」, Solar Energy, 65(5), 285-295.

Falchi, Fabio, et al. (2011). 「Limiting the impact of light pollution on human health, environment and stellar visibility」, Journal of environmental management, 92(10), 2714-2722.

Farrington, D. P., & Brandon, C. W. (2002). 「Improved street lighting and crime prevention」, Justice Quarterly, 19(2), 313-342.

Loe, D. L., Manseld, K. P., & Rowlands, E. (2000). 「A step in quantifying the appearance of a lit scene」, International journal of lighting research and technology, 32(4), 213-222.

Nair, G., Ditton, J., & Phillips, S. (1993). 「Environmental improvements and the fear of crime : the sad case of the 'Pond'area in Glasgow」, The British Journal of Criminology, 33(4), 555-561.

Neisser, U. (1968). 「The processes of vision. Light enables us to see, but optical images on the retina are only the starting point of the complex activities of visual perception and visual memory」, Scientic American, 219(3), 재인용.

Painter, K. A. (1991a). 「An Evaluation of Public Lighting as a Crime Prevention Strategy with Special Focus on Women and Elderly People」, Man-chester University, Manchester.

Painter, K. A. (1991b). 「The West Park Estate Survey: An Evaluation of Public Lighting as a Crime Prevention Strategy」, Cambridge University Press, Cambridge.

보고서 및 지침

건축도시공간연구소 (2014). 「실무자를 위한 범죄예방 환경설계 가이드북」.

경찰청 (2005). 「환경설계를 통한 범죄예방(CPTED)방안」, 경찰청.

경찰청 (2013). 「범죄예방을 위한 설계지침」, 경찰청.

산업통상자원부 기술표준원. 「한국 산업규격 KS A 3011」, 국가표준인증 종합정보센터.

서울시 (2017). 「서울시 빛공해 환경영향평가」, 서울시.

서울시 (2019). 「서울시 도시빛 기본계획」.

여수시 (2016). 「여수 도시 기본계획」, 여수시.

이종현 (1998). 「인천광역시 도시경관정비 기본구상」, 인천발전연구원.

정지범 (2014). 「안심마을 사업과 지역안전거버넌스」, 한국행정연구원.

한국산업표준 (2012). 「범죄예방 환경설계(CPTED) 국가표준 KS A 8800」.

British Standards (2003). 「Code of practice for the design of road lighting, Part 1 5489-1」, BSI. p.27.

CIBSE (2009).「The society of Light and Lighting - The SLL Lighting Handbook」, London: CIBSE. pp. 252-253.

CIE (1993). 「Guide for Floodlighting」, CIE Technical Report Vienna: Commission Internationale de L'Eclairage.

CIE (2000).「Guide to the lighting of urban areas CIE Technical Report 136-2000」, Vienna: Commission Internationale de L'Eclairage. 136-2000. CIE, p.16.

CIE (2005). 「Lighting of Outdoor Work Places」, Commission Internationale de L'Eclairage.

CIE, 「Guide on the limitation of the eects of obtrusive light from outdoor lighting

DiLaura, David L., et al. (2011). 「The IESNA Lighting Handbook」, Illuminating Engineering Society.

http://s-media.nyc.gov/agencies/planyc2030/pdf/planyc_2011_goals.pdf

http://sacramento.cbslocal.com/2014/10/21/davis-will-spend-350000-to-replace-ledlights-after-neighbor-complaints/

http://webarchive.nationalarchives.gov.uk

http://www.chandlerpd.com/wp-content/uploads/2010/12/CPTEDHandbook-v4-20170627.pdf

http://www.nzta.govt.nz/assets/resources/specification-and-guidelines-for-roadlighting-design/docs/m30-road-lighting-design.pdf

http://www.oecdbetterlifeindex.org/

http://www.police.qld.gov.au/programs/crimeprevention/

https://lightact.io/portfolio/light-well/

https://pld-m.com/en/article/practical-issues/light-and-nature-a-valuable-humanbenet

https://police.go.kr/portal/main/searchNew.do#

https://publicaties.dsp-groep.nl/getFile.cfm?le=COPS_13_Label_NED.pdf&dir=rapport

https://urbanrambles.org/background/a-brief-history-of-rus-in-urbe-1307

https://www.ama-assn.org/ama-adopts-guidance-reduce-harm-high-intensity-streetlights

https://www.colliercounty.gov/home/showdocument?id=71020

https://www.designcouncil.org.uk/sites/default/les/asset/document/grey-to-green.pdf

https://www.justice.govt.nz/assets/Documents/.../cpted-part-1.pdf

https://www.mainroads.wa.gov.au/technical-commercial/technical-library/road-tracengineering/roadside-items/lighting-design-guideline/

https://www.mlit.go.jp/common/001087361.pdf

https://www.ncpc.org.sg/cpted.htmlhttps://www.wyreforestdc.gov.uk/media/107729/EB077-SBD-principles.pdf

https://www.saferspaces.org.za/uploads/les/110107_LightingAgainstCrime.pdf, 2011

https://www.surrey.ca/bylawsandcouncillibrary/CR_2016-R268.pdf

IEC (2006). 「IEC/EN 62471 Photobiological safety of lamps and lamp systems」, International Standard.

IEC/EN 62471 Photobiological safety of lamps and lamp systems, Inter-national Standard, 2006.

IESNA (2000). 「The IESNA Lighting Handbook」, IESNA.

Illuminating Engineering Society (2011). 「Light & human health」, Illuminating, Engineering Society.

Illuminating Engineering Society (2014). 「Lighting for Exterior Environments」, Illuminating Engineering Society.

Illuminating Engineering Society (2014). 「Roadway Lighting, ANSI Approved」, Illuminating Engineering Society.

Illuminating Engineering Society (2016). 「Design Guide for Color and Illumination」, Illuminating Engineering Society.

installations, CIE Technical Report 150-2003」, CIE Technical Report Vienna: Commission Internationale de L'Eclairage. 150-2003.

照明学会技術標準 (1994). 「歩行者のための屋外公共照明基準 JIEC-006:1994」, 照明学会.

관련 법규 및 행정규칙

국토교통부. 「건축법 시행령」, 대통령령 제32274호 공포일 2021.12.28.

국토교통부. 「경관법」, 국가법령정보센터, 법률 제15460호 공포일 2018.03.13.

국토교통부. 「도시공원 및 녹지 등에 관한 법률」, 법률 제18047호 공포일 2021.04.13.

국토교통부. 「도시공원 및 녹지 등에 관한 법률 시행규칙」, 국토교통부령 제933호 공포일 2021.12.31.

국토교통부훈령. 「도시공원 · 녹지의 유형별 세부기준 등에 관한지침」, 2018.8.1.

국토교통부고시. 「범죄예방 건축기준 고시」, 2018.3.18.

국토해양부. 「건축물의 범죄예방 환경설계 가이드라인」, 2013.1.9.

국토교통부. 「도시개발법 시행규칙」, 국토교통부령 제896호 공포일 2021.10.12.

국토교통부. 「도시 및 주거환경정비법」, 법률 제17814호.

국토교통부. 「도시재정비 촉진을 위한 특별법」, 법률 제17689호 공포일 2020.12.22.

산업통상자원부, 공공기관 에너지 이용 합리화 추진에 관한 규정 개정, 시행 2020.11.19. 산업통상자원부고시 제2020-197호

서울특별시. 「빛공해 방지 및 좋은빛 형성 관리조례」, 서울특별시조례 제6037호, 2015.10.8., 일부개정.

환경부. 「인공조명에 의한 빛공해 방지법 법률 제16610호 공포일 2019.11.26.

기타

https://bryantpark.org

https://edition.cnn.com/2016/09/29/health/streetlights-improve-health/index.html

http://news.mt.co.kr/mtview.php?no=2019010109261762656

http://opengov.seoul.go.kr/sanction/12904562

http://realty.chosun.com/site/data/html_dir/2018/06/01/2018060102674.html

https://terms.naver.com/entry.naver?docId=1331440&cid=40942&categoryId=40546

찾아보기

본 도서는 저자의 박사학위논문인 '도시공원의 야간경관디자인 이용 후 평가'의 학술적 내용을 기반으로 집필을 시작하였으며 실증적 디자인 방법론은 다양한 프로젝트 경험과 기발표된 학술지 논문들을 바탕으로 진행하였음을 밝힌다. 해외 공원 측정 및 시각자료는 한국연구재단 과제 (이용자 중심의 야간 도시공원 조명설계 방법 연구) 수행 중 수집한 내용의 일부이다.

* 본 저서의 집필은 2022학년도 배재대학교 저역서발간지원사업 지원에 의해 수행되었다.

저자소개

양 정 순

이화여자대학교 학부와 대학원에서 수학하여 공간디자인
전공 박사학위를 취득하였다. 건설사와 인테리어 회사 근
무를 시작으로 ㈜비츠로앤파트너스와 이화여자대학교 색
채디자인연구소에서 공간디자인, 조명디자인과 조명색채
에 대해 실무와 연구를 진행하였다. 광화문광장과 영산강
살리기사업 턴키설계, 여수시, 동대문구와 강서구 야간경
관기본계획을 수행했으며, 서울시 도시빛 기본계획에 참
여하는 등 다수의 공간설계 프로젝트와 국책과제를 수행
하였다. 꾸준한 조명디자인에 대한 학술연구로 그 공로를
인정받아 2018 서울시 좋은빛상과 2019 대한민국 공공
디자인 대상의 문화체육관광부 장관상을 수상하였다. 현
재는 배재대학교 건축학부 실내건축학 전공 조교수로 재
직 중이다.

도시 공원의 밤

도시공원 조명디자인의
방법론과 실증적 사례

초판발행 2022년 7월 1일
초판인쇄 2022년 7월 11일

저   자 | 양정순
펴 낸 이 | 김성배
펴 낸 곳 | 도서출판 씨아이알

책임편집 | 신은미
디 자 인 | 백정수
제작책임 | 김문갑

등록번호 | 제2-3285호
등 록 일 | 2001년 3월 19일
주   소 | (04626) 서울특별시 중구 필동로8길 43(예장동 1-151)
전화번호 | 02-2275-8603(대표) 팩스번호 | 02-2265-9394
홈페이지 | www.circom.co.kr

ISBN 979-11-6856-078-9 93520
정가 24,000원